AF499077

LA ROYALE CHYMIE DE CROLLIVS.

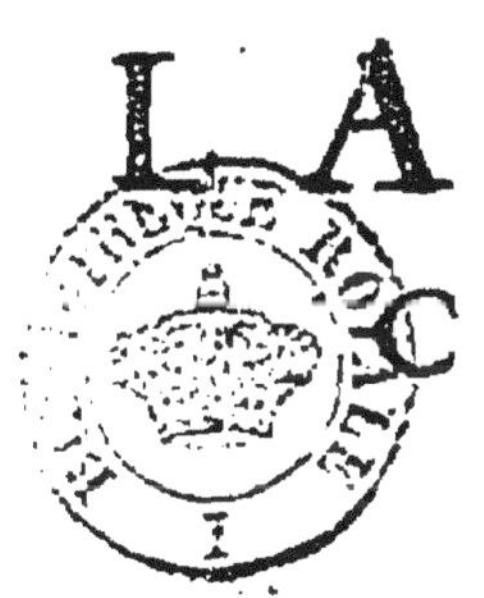

LA ROYALE CHYMIE DE CROLLIVS.

A cure des maladies (à fin que i'vse à propos des mots significatifs de P. Seuerinus) est diuisee en deux, sçauoir en vniuerselle, & particuliere.

L'vniuerselle est en l'expulsion des racines, ou impuretez malignes ; soit qu'elles soyent de naissance, ou hereditaires, ou bien prouenuës de la semence des parents, ou en fin par l'vsage des aliments, & iniure des impressions exterieures esprises au corps humain ; ceste-cy dis-ie, se faict par le baulme naturel conuenable aux remedes de l'humaine nature, lequel resout, consomme, & dissipe l'impureté des teinctures appartenantes à la semence ; & par vn effect contraire corrobore, consolide, & conserue la nature : car tant que l'humide radical (selon Paracelse) demeure en sa quantité, la maladie n'est aucunement sensible. Et parce qu'en ce lieu icy la pluralité, ou particularité des indices n'ont aucun lieu, il s'acheue par vn mesme remede. Et pour ceste cause Raymond

La mesme mumie, c'est à dire le mesme esprit vital est cõmun à tous les hommes, dont il s'ensuit, qu'il se peut trouuer vn medicament vniuersel ; d'autant que la maladie en l'hõme n'est autre chose sinon ce qui empesche que l'esprit vital, ou mumie, ne peut libremẽt exercer les fonctions : ie le preuue par l'exemple du pain du venin, de l'air, du feu, blessant quel qui soit des hommes, entre tous ceux-là que i'ay nommé si le plus grand est guery, il s'ensuit que les inferieurs & moindres le doiuent estre aussi par mesme moyen.

Lulle dict que ceste vnique & supresme medecine, à laquelle toutes les autres sont reduictes, se peut administrer au corps humain sans aucune cognoissance de la maladie, parce que la sage nature luy à donné le pouuoir de guerir naturellement toutes les infirmitez naturelles, comme de se gouuerner soy-mesme.

Quant aux genres des maladies, il y en a seulement quatre, lesquels se sont soubsmis à la cure vniuerselle, sçauoir l'epilepsie, la goutte ou podagre; la lepre, & l'hydropisie; ausquels toutes les autres maladies inferieures sont reduictes comme à leur source & principe original.

Ceste cure vniuerselle doit grandement estre desiree & recherchee, quoy que peu de gens puissent estre doüez de ce don miraculeux & celeste: Raymond Lulle conseill[illegible] commande aux Medecins desireux d'atteindre au feste de la perfection, que sans feinte ils mettent tout leur pouuoir & estude, à la recherche de ceste medecine vniuerselle, laquelle seule peut guerir toutes sortes d'infirmitez : car à la verité en icelle (comme en vn propre subiect) a esté faicte la conionction & colligation [illegible]iuerselle de toutes les vertus operatrices de la medecine (par vn cours reel distribué en trois familles confuses ou distinctes en particulier) pour toute sorte de maladies. Et quiconque parmy les hommes à c'est antidote, il se peut vanter d'auoir vn don de Dieu, & thresor incomparable. Ie ne veux pas toutesfois dire qu'il donne entiere guerison à toute sorte d'infirmi firmitez & maladies, (parce qu'il est impossible de iuger des secrets de Dieu) mais ie dis bien qu'il rend le mal plus doux, & supportable : iusques à ce qu'il plaist à la prouidence Diuine d'en disposer autrement selon sa volonté.

La particuliere, c'est celle-là en laquelle les racines mesmes, ou teinctures seminalles des maladies ne sont pas tousiours ostees ; mais le plus souuent les fruicts, comme symptosmes, paroxismes, & douleurs sont diuerties & allegees : que si par hazard ces fruicts ny sont encores, elle leur deffend l'entree, & ne leur permet y prendre aucun pied, outre qu'elle donne vne libre euacuation aux excrements, restituant les forces naturelles ia debilitees moyenant que ceux qui seuls sçauent cognoistre la diuersité des maladies, se seruent des esprits conuenables à icelles.

Ceste particuliere façon de curer ne doit donc estre mesprisee, veu que souuent aux maladies inueterees & dangereuses, elle produit les mesmes effects que l'vniuerselle, d'autant que Dieu par sa misericorde infinie a voulu manifester quelques secrets naturels vniuersels, lesquels contiennent en eux la nature des cieux, ou de l'air, ou de la terre par lesquels les maladies sont facillement recognuës, & par mesme moyen gueries. Quant aux particuliers qui sont faicts par l'attraction des esprits les plus subtils, ils imitent le plus souuent la cure vniuerselle, confirmez par le baulme naturel, les racines des impuretez, estans consommees:

Certainement nous ſerions heureux, ſi au defaut de la cure vniuerſelle, il eſtoit permis de ſe ſeruir des particulieres & ſubalternes, voila ce qu'eſt de l'opinion de Seuerinus.

I. Par la voye particuliere, les maladies materielles ſont gueries, premierement par des emonctoires vniuerſels, par leſquels la nature fauoriſee des remedes a couſtume d'apaiſer & purger la matiere (laquelle fomente la maladie) en ſept façons, ſçauoir

Par
- Vomitifs.
- Catharctiques.
- Diuretiques.
- Diaphoretiques.
- Confortatifs.
- Anodins.
- Odoriferants.

II. Les maladies ſont expulſees par la voye particuliere, ſçauoir par les remedes particuliers & propres, comme des ſept membres principaux du corps humain

Specifique
- Capital, ſçauoir
  - Epileptique.
  - Apoplectique.
- Ophtalmique.
- Odontalgique.
- Pectoral.
- Cordial.
- Stomachal.
- Ventricule.
- Febrile.
- Peſtilentiel.
- Gouteux, ou podagrique.

Nephri

Nephritique.
Hydropique.
Diſſenterique.
Venerique.
Veneneux.
Vulneraire.
Vlcereux.
Puſtuleux.

Vniuerſel digeſtif ou maturatif.

AVx maladies prouenantes des impuretez mobiles ſuperficielles, leſquelles n'ont encore ietté des racines fermes & ſolides, n'eſtant deſtinees aux difficiles conionctions, ce qui eſt recogneu par les ſignatures des douleurs, & l'inconſtance des ſymproſmes, ou chaleurs enflees, (comme ſont pluſieurs fieures, catarres, toux, enrouëments, & autres ſemblables) il n'eſt aucunement beſoin de digeſtif, veu qu'elles ſont auſſi-toſt gueries par la faueur du purgatif & mondificatif: Quant aux impuretez febricitantes & inflammatrices (deſquelles les teinctures ſont difficiles, dautant qu'elles admettent les reſolutions, & coagulations des vapeurs fixes, difficiles à reſoudre, telles que ſont aux parties ſuſpectes pour l'ordinaire) elles ſont neantmoints aſſeurément gueries par la concoction d'Hypocrate, ou par la mitigation de Paracelſe, où en fin par l'Epicraſe de Galien: car elles ne veulent aucunement obeïr aux facultez cruës des medicamẽts communs, leſquels n'engendrent que des eſprits cruds, &

Preparation à vne facile purgation, ou expulſion ſans aucune leſion de la nature.

rendent aspres & rudes les chaleurs des esprits ja malades ; toutesfois apres que les chaleurs ou ferueurs des esprits auront prins fin, & que la matiere resoluë aura vne coagulation conuenable (à cause qu'elle n'a point d'vnion auec les esprits) elle purgera fort facilement.

Aux maladies crhoniques comme epilepsies, fieures quartes, colliques, mal de reins, gouttes, hydropisies, & lepres, les impuretez radicalles se peuuent seulement guerir par resolution, & par concoction, & de faict cest en vain d'attendre les signes de la concoction, car à l'instant il faut penser à la resolution de la maladie, la consommant ou destruisant tout à plat ; Que si par hasard la maladie se peut mitiger & adoucir, sans doute ce sera à nostre plus grand contentement : quant aux fruicts paroxismes & chaleurs, (en quelle espece que ce soit des susdictes maladies) ils demandent des indices de concoction & d'intemperature ; & cest ou tend Hypocrate quand il dict que, *concocta solum medicanda nisi turgeant*. *Aph. 2. sect. 1.*

Pour faire le Tartre de vitriol.

PRENS par exemple, quatre onces de sel de tartre bien blanc dissoult deux ou trois fois (selon qu'enseigne la Chymie) lequel soit filtre & espoissi auec eau d'agrimoine, resout-le par apres en vne caue, dessus le marbre, ou auec huille de tartre bien pur, par le benefice de la chausse, par laquelle tu le couleras: ayant

cest

ceſt huille pur, prens deux onces d'huille de vitriol bien rectifié, lequel tu diſtilleras goutte à goutte deſſus l'huille de tartre en vn verre aſſes capable, & alors tu verras vne congelation tres blanche, ſur laquelle l'humidité nagera, & apres le chauffant peu & à petit feu, tu rendras ſec ton ſel. Voyla comme ſe faict le tartre blanc fixe de vitriol.

Obſeruations.

I. Il faut qu'en verſant l'huille de vitriol tu obſerues certaine methode, de peur que la ſaueur du ſel ne ſe rende trop aigre, par la trop forte repercuſſion, & qu'il ne prouoque à vomiſſement; car ſi tu y mets trop d'huille de vitriol, il ne purgera pas; mais il operera par les quatre emonctoires, meſlé auec le purgatif; ſçauoir par vomiſſemẽts, ſelles, vrines, & ſueurs.

Si on y verſe & met trop petite quantité d'huille de vitriol, à tout le moins il donne & amene à vomiſſement.

II. Si l'affuſion ſe peut faire par vn entonnoir, qui aye l'orifice fort eſtroit: tellement que par quelque artifice les gouttes de l'huille de vitriol diſtillent bellement dans l'huille de tartre, ce ſera le plus aſſeuré. Car de ceſte façon les eſprits plus ſubtils qui s'eſleuent par le mutuel boüillement qui ſe faict en la mixtion violente, ſont retenus.

III. Notez que le verre s'eſchauffe grandement par la conjonction de ces deux feux, en ce mutuel boüillement. Icy l'on peut faire vne remarque de l'epilepſie; car lors que l'eſprit de vie eſt agité dans le corps par les parties heterogenees, ou diſſimulaires; il boüilt de ceſte meſme façon.

IV. Qui voudra adiouſter vne partie de ſel, ou liqueur de corail à deux parties d'huille de tartre, auant qu'il diſtille ſon huille de vitriol goutte à goutte, comme i'ay dit cy-deuant, luy ſera permis, & fera fort bien.

Le digeſtif de ce tartre de vitriol, lequel neceſſairement doit auparauant eſtre mis aux medicaments purgatifs, ſe peut faire en ceſte façon:

Prens vne once de tartre vitriollé, & le diſſouls dans deux meſures de bon vin blanc, y adiouſtant à ta diſcretion de decoction de canelle, & raiſins mondez, & ſera paracheué.

Il faut vſer de ceſte mixtion deux ou trois iours, ou plus s'il eſt de beſoin, mais que ce ſoit au matin apres auoir prins vn œuf mollet, apres diſner, & le ſoir enuiron les cinq heures, & faut que chaſque prinſe ſoit d'vn verre.

Il ne faut pas oublier, incontinent apres le catharctique de Panchymagogue, car il faict de merueilles pour toutes les fieures, & principalement pour la quarte: & de faict, il eſt tres certain qu'il reſoult tres efficacement le tartre du corps.

Les forces du Tartre vitriollé.

IL eſt admirable pour l'hemicranie, ou migraine; pour la iauniſſe, pour l'obſtruction des boyaux, mis dans quelque liqueur propre, ou bien dans du vin blanc, & c'eſt durant quelques matin à la pointe du iour, toutesfois s'il eſt neceſſaire, il faut augmenter la doſe.

Pour le calcul, il le faut donner dans l'eau

de

de persil, ou de parietaire, ou mesmes dans le vin blanc.

Il est grandement detersif,& chasse les opilations,si on en mesle vn demy scrupulle auec deux onces de iulep rosat,& demy once de canelle fine.

Il prouoque à sueur meslé auec eau de chardon benist,ou auec le vin blanc.

Pour l'hydropisie, il en faut prendre vn scrupulle auec demy once de miel rosat solutif, meslez auec deux onces du vin d'enulla campana,& l'on verra des effets nõpareils, car il euacue incontinẽt l'humeur crasse & sereux.

Pour les suppressions menstrues, il en faut prendre vn scrupulle dans le syrop de betoine,ou d'artemise, ou (à faute de cela) dans le miel rosat,dissoult auec eau de pouliot, selon les simplistes *Pulegium*.

Il est tres vtile pour les fieures.

Il est grandement purgatif par les parties inferieures,ostant toutes les obstructions, meslé auec quelque catharctiquè,ou syrop rosat, ou violat solutif *cum succis*, ou mesme auec le seul miel rosat solutif.

Il n'est pas moins propre pour la melancholie, & dureté de ratte, que pour les susdictes maladies, pourueu qu'il soit exhibé en eaux conuenables: quant à la dose elle est despuis vn demy scrupulle,iusques à vn entier, & non moins.

A l'hydromel ou hydromelite, il se peut donner fort commodement, à cause de la correction de sa saueur.

Vomitif.

Les facultez antimoniales, vitriollees, & helleborines, tiennent le premier rang pour la prouocation de vomissement ; car elles ne laissent rien que ce soit de mauuais dans le ventricule, ains renuersent de fonds en comble toutes les impuretez, lesquelles s'y treuuent.

Le vomitif d'hellebore se treuue dans Conradinus tres-expert Medecin, au liure qu'il a faict de *Febri Vngarica:* en ce lieu icy nous traicterons seulement du vitriollé, auec asseurance, qu'en brief nous enseignerons les preparations de l'antimoine.

Sel de vitriol, ou Gilla Theophrasti.

PRens vitriol preparé par Venus, ou Mars (comme bien tost sera dict au particulier stomachique) & le dissouls dans le phlegme aigre, qui sort le premier de la distillation du vitriol commun ; broye par apres le tout ensemble lespace de huict iours, & en vse librement ; la dose doit estre d'vn scrupulle, iusques à demy drachme, ou deux scrupulles, & verras que ceste liqueur fera beaucoup plus d'effect que le sel tiré de la lie du vitriol commun.

Vitriol blanc vomitif.

Il faut dissoudre le vitriol blanc dans eau de pluye, puis apres l'euaporer, iusques à ce qu'il apparoisse comme vne petite crouste, quoy faict, il faut le mettre dans vne caue, ou

quel

quelqu'autre lieu froid, & tu verras qu'il s'y formera vne autre crouste crystalline, laquelle tu osteras, & euaporeras apres l'eau comme auparauant, & continueras cela iusques à la troisiesme fois, le coagulant, & dissoluāt tousiours. A la troisiesme & derniere fois procede de la mesme façon auec eau rose: & fais qu'en fin ce crystal se seche lentement, & de soy-mesme se reduise en poudre blanche, sçache que c'est vn vomitif grandement doux, qui purge fort benignement le cerueau.

L'vsage & dose du sel vitriollé, ou Gilla Theophrasti.

SI on prend vn scrupulle de Gilla Theophrasti, dans du vin, incontinent prouoque à vomissement, par lequel le ventricule est deschargé, & fortifié, sans en ressentir aucune incommodité, ny dommage: il est bon contre les fieures, vers, & toute sorte d'infirmitez ventriculaires, & defluxions sallees, & siuonies: quant à la dose, elle est pour l'ordinaire d'vne drachme dans la ceruoise.

Pour la peste, douleur de reins, il en faut prendre demy drachme dans du vin chaud.

Il n'est pas moins proffitable pour les playes recentes, si (durant quatre matins) on en prend demy drachme, dans la ceruoise chaude, auant que manger.

La dose doit estre d'vn scrupulle, ou deux, eu esgard au sexe, ou complexion du patient.

Le sel peut estre meslé auec le sucre candy,

ou

ou bien dans eau de fenoüil, pourueu qu'elle soit tiede.

Il se peut encor prendre auec ius de chair, ou auec vn peu de vin de ceruoise, meslez dans eau de miel, ou eau commune, auec du miel seul, ou bien dans la conserue de roses.

Pour faire mourir les vers des petits enfans, il en faut prendre quatre ou cinq grains, dans vne cuillere, dissoults auec la maluoisie ou autre bon vin.

Ce medicament agit diuersement, sçauoir par vomissements, selles, sueurs, outre qu'il prouoque au sommeil.

Catharctique resolutif, mondificatif.

Ce catharctique a les mesmes vertus de la Scamonee, & Colocynthe.

Obseruations.

I. Toute sorte de laxatif a trois proprietez.

La premiere, c'est celle-là d'où il tire son nom de laxatif, selon Paracelse.

La seconde, c'est qu'il conforte la nature ja trauaillée, & debilitée par euacuation.

La tierce & derniere, c'est qu'il mitige, & adoucit la mesme nature.

II. Les purgations lesquelles donnent tesmoignage des proprietez veneneuses, par des symptomes, ou debilitemens des forces pristines, sont ordinairement à fuïr.

III. Quant à la vraye maniere de purger, nous iugeons la puissance, & excellence des facultez

tez (non pas par la quantité de matiere expulsée) ains où nous voyons les racines de la maladie deschassées, auec ses impuretez, par la remission des symptomes, ou par la restitution des forces perduës, & c'est alors que nous croyons les remedes auoir operé selon leur forces, soit que par vne absolue consomption, ou par vne excretion sensible; ou par les vrines, ou sueurs, ou en fin par vne suffisante deiection, les impuretez soyent totalement deschassées.

Les cathartiques n'operent pas par la force des quatre qualitez, c'est à dire, par la chaleur, froideur, humidité, ou siccité; ains ils operent par vne proprieté occulte, & forme particuliere, c'est à sçauoir par la proprieté de toute la substance, laquelle par vne certaine impulsion de chaleur, ou influence celeste, deschasse l'humeur laquelle luy est propre & familiere.

Les maladies chroniques, critiques, & longues, ne se guerissent pas par purgations, ains par secrets particuliers; & de faict il est fort difficille d'en venir à bout par autre voye: toutesfois il y en a quelques vns qui veulent vser de purgation, neantmoins le meilleur est d'y proceder fort lentement, se soubsmettans à vne incroyable longueur de temps.

Et encor que Platon deffende l'vsage des remedes forts & violents, & auant luy Hypocrate, lequel ne voulut point guerir son amy Democrite auec l'hellebore & autres semblables, asseurant qu'il n'y a aucun remede solutif lequel ne traisne auec soy quelque partie de la substan-

substance, & des forces naturelles du corps humain, à raison dequoy Auicenne dict fort bien que les medicaments, quoy qu'ils ne soyent venimeux, sont à contre-cœur à la nature; Toutesfois les racines fixes des maladies demandent les purgations antimoniales, vitriollées, ou mercuriales, desquelles nous pourrions aisément nous passer, n'estoit qu'on a treuué vn chemin fort libre, & facile à la preparation d'icelles, lequel (corrigeant leur violence) empesche qu'elles n'apportent aucun dommage: d'ailleurs que l'intemperance nourrice de quelques Medecins nous y contraint.

Peut estre que à ceste occasion Agrippa disoit qu'il n'y auoit point de meilleur cōseil, ny plus vtile pour biē conseruer la santé, & prolonger la vie, que de s'abstenir des ignares Medecins, & que la vraye & asseurée voye pour paruenir à la vieillesse, estoit de n'auoir iamais eu accointāce auec telles gens.

Turbith Mineral.

DAutant que nous voulons icy traitter de plusieurs & diuers purgatifs, ce ne sera pas mal à propos de commencer par le Mercure, à cause de son excellence, & quoy que ses impuretez soyent estroictement conioinctes; toutesfois l'industrie des hommes est arriuée en tel point, qu'il n'y a que peu de difficulté pour en venir à bout.

Les Philosophes hermetiques ont estimé iusques à present que le Mercure n'estoit qu'vn esclaue fugitif: toutesfois lors que dans leurs escrits philosophiques ils parlent du Mercure, il ne veulent pas entendre toute sorte de Mercure indifferemment, veu que ceste & noble eau philosophique n'est pas commune à toute sorte de gens, c'est la verité qu'il y a vne infinité d'hommes qui se l'ambiquent l'esprit nuict

Ceste eau de sagesse est cogneuë de bien peu de gens.

nuict & iour à la recherche d'icelle, mais en vain : car elle ne s'est voulu communiquer qu'aux Philosophes, desquels elle s'est renduë comme domestique. Les cabalistes l'ont en telle estime parmy eux, que pour son excellence luy ont donné le nom de la Vierge Marie, comme à nostre Sauueur celuy de leuain de la medecine, d'autant qu'ils asseurent que, *Ante. In, & post partum*, elle est demeuree Vierge. Laissons ces disputes aux Theologiens, & retournons à nostre Medecine.

Ce Mercure par vne certaine preparation & dose se rend vn medicament tout diuin, se faisant admirer par son operation en plusieurs maladies. La foy ancienne des Panais tant renommé de la poudre de cinabre naturel broyé bien subtilement auec le saffran (dans vne conche ou vaisseau faict en forme de bassin) y estãt adjoustée ; pour la preuue desquels, ayant vn peu mis du feu dessous, i'ay souuent veu monter le Mercure tout crud auec la fumée, laquelle blanchissoit totalement vn escu d'or exposé à icelle.

Les Chymistes ont excogité & inuenté mille sortes de preparations pour le Mercure entre lesquels quelques-vns (& assez bien) ont tasché d'y paruenir, fauorisez des esprits du sel nitre, les autres par ceux du sel commun, par l'huille de vitriol, par eaux forts, ou dessus le marbre : toutesfois, selon mon opinion, il me semble qu'on ne sçauroit tenir vn chemin plus asseuré pour precipiter le Mercure, que celuy qui s'ensuit.

La methode pour bien precipiter le Mercure.

PRens demy liure de Mercure bien purifié, auquel adjousteras vne liure d'huille de soulphre, faict & rectifié par la cloche, on se sert de cest huille, parce qu'il le precipite auec plus d'asseurance que l'huille de vitriol, ny aucun autre huille corrosif quel qui soit, d'ailleurs qu'il le coagule en telle façon qu'il peut endurer vne plus grande chaleur. Tu mettras donc ces deux choses ensemble (sçauoir le Mercure & huille de soulphre) en digestion lespace de deux iours entiers au feu de sable: apres tu les distilleras en la cornue bien lutee, pourueu que ta distillation, soit lente, rectifiant l'extraict iusques à la quatriesme fois, & non plus, dautant qu'à la quatriesme fois il y faut adjouster d'huille de soulphre, renforçant apres le feu, tellement que la cornue deuienne toute rouge; & par ce moyen tu auras en vne masse blanche ton Mercure precipité au fonds de la cornue, laquelle tu briseras pour l'en tirer dehors; il le faut apres broyer sur le marbre auec eau de pluye chaude & distillée, laquelle oste le sel du precipité le rendant sans aucun goust; mets par apres ton Mercure dans vn verre qui soit bien large du costé de la gorge, & le remplis de ladicte eau, le lauant & remuant lespace de quatre heures, ou iusques à ce que l'eau en sorte douce. Ie ne dis pas qu'il se faille seruir tousiours de l'eau premier versée: car l'ayant laué vn peu de temps auec la

premie

premiere,il la faut laisser reposer,& y en remettre de nouuelle iusques à ce qu'elle sorte comme i'ay dict sans acrimonie ; la derniere eau versée, le Mercure demeure au fonds fort iaune,lequel il faut secher,& puis le mettre dans vne phiolle au long col , ou mattras, laquelle boucheras auec du cotton , & la remettras au feu de sable l'espace de huict iours. Note qu'il faut que le feu soit vehement , car si par hasard il y auoit quelque peu de Mercure qui ne fut encor precipité , il se sublimeroit à l'*instant* au col du mattras,lequel se doit rompre auec vn fer chaud, ou vne meche d'arquebuse,en ceste façon, il faut premierement oindre le bout du col de la phiolle ou mattras auec eau de vie, puis passer la meche ou fer chaud à l'entour,& peu à peu se rompra si bellement,qu'il ne tombera aucun Mercure sur la masse qu'est au fonds , laquelle ostée, l'arrouseras auec eau de vie , puis y mettras le feu : ce qu'ayant reïteré par trois ou quatre fois , tu pourras apres t'en seruir auec toute asseurance.

I'ay precipité quelques fois d'Amalgame d'or & d'argent,voire l'espace de deux années, mais quoy que reduict en poudre rouge il n'estoit aucunement fixe, incapable d'estre mis en vsage de medecine, qu'il n'eust vne autre derniere preparation.

Donc qui voudra auoir du precipité par amalgamations, faut qu'il face vn bon feu durant l'espace de deux ou trois mois , ou quatre s'il est besoin , & verra par ce moyen des excrescences en forme de ciprez dans le verre, mais rompant souuent sa masse, il treuuera de matiere terreuse, laquelle il pourra rendre iaune par le moyen de l'huille de soulphre.

Obseruations des signes du vray Mercure precipité.

I. La verité du Mercure precipité se recognoist si on le broye auec d'or, & que l'or ne blanchisse aucunement, ains demeure à sa premiere & naifue couleur.

II. Il n'est pas necessaire que le vray precipité soit totalement fixe, car si cela estoit, il n'auroit aucune puissance ny faculté purgatiue.

III. Il n'y a aucun precipité fixe, lequel ne se puisse reduire, car (comme i'ay dict cy-dessus) cela estant, il ne pourroit operer au corps humain, d'autant que ses operations dependent de sa crudité.

Les forces du Mercure precipité.

CE Mercure est le vray baulme naturel, auquel est la vertu incarnatiue, laquelle renouuelle & clarifie le corps humain de toutes les impuretez & infections veneriennes: car toute la masse du sang estant corrompue & remplie de plusieurs semences de maladie, elle ne peut changer de disposition pour se meliorer que par le moyen du Mercure adoucy, lequel seul a la force d'agir en tel cas.

I. Il est vn remede tres-excellent contre toute sorte de maladies causées par la putrefaction des humeurs, & à peine se peut-il treuuer vn reme remede plus prompt pour les maladies ja desesperées.

Il attire toutes les mauuaises humeurs du corps,& les defluxions du cerueau. II.

Il purifie le sang dans les veines,& la moüelle dans les os. III.

Il est vn remede tres-propre pour l'hydropisie, à cause des grandes facultez expultrices qui sont en luy. IV.

L'vsage du Mercure precipité.

Pour la goutte,il se donne auec les pillules de Ruffi & huille de miel. I.

Il est admirable contre les pleuresis donné auec vn specifique vehicule. II.

Il est bon contre les venins,& la rogne. III.

Il se faict admirer pour les fieures continues & intermittantes, y adioustant quatre ou cinq gouttes d'huille de vitriol, auec les pillules de Ruffi. IV.

C'est vn vray catholicon pour la guerison de la verolle,& pour ceste seule maladie il merite d'estre appellé ῥιζοτόμος dautant qu'il desracine toutes les vlceres venimeux & venereiques,ou fluxions semblables, la dose estant reiterée. V.

Il est impossible de pouuoir treuuer aucun remede plus excellent pour la jaunisse ou icterie. VI.

Son vsage est encor requis en temps de peste auec les pillules pestilentielles de Ruffi. VII.

Il est grandement purgatif, voila pourquoy on s'en sert à la purgation des vlceres puants VIII.

& malings, meslé auec les onguents.

IX. Deslors que Paracelse vouloit guerir la verolle, il s'en seruoit auec l'electuaire du suc de roses. Ce que ne faisoit pas Phoedrus, car il le mesloit auec l'esprit de tartre, & de faict il asseure auec ce seul remede auoir chassé & expulsé toute sorte de pustulles veneriennes.

X. Ie suis certain que Husere P. M. m'a dict de sa propre bouche, que iamais il n'a peu recognoistre qu'il aye porté aucun dommage (quoy qu'il en vsast pour l'ordinaire) sinon que les malades se plaignoyent quelquesfois du gousier à cause des vomissemens bilieux, ce qu'estoit facille à radoucir auec vn gargarisme, ou par l'vsage de la terre sigillée.

La dose du Mercure precipité.

Il faut premierement auoir esgard à la disposition des corps, car aux plus forts & robustes on en peut donner iusques à six grains, aux moindres trois, & par ainsi les mediocres auront la mediocrité selon le iugement du sage Medecin.

Il se peut exhiber auec pillules appropriées; aux douleurs de teste auec les pillules de Cochiis: aux douleurs des bras auec les pillules hermodatt, ou meslé auec les extraits purgatifs.

Il opere beaucoup mieux auec le suc de reglisse qu'auec le Theriaque, on l'exhibe encor auec la conserue de roses, ou auec le sucre rosat, ou bien enueloppé dans du pain à chanter, dans vne cuillere d'argent à demy pleine de vin pour le mieux faire aualler.

Secret

Secret Corallin de Paracelse ou Mercure sublimé rouge non corrosif.

PRens vne liure de Mercure lequel soit bien purgé par lesciue de chaux viue, ou cendres clauellées du moins six ou sept fois, laue le puis apres auec le sel commun & vinaigre, iusques à ce qu'il deuienne de couleur celeste, car alors il sera prest pour sublimer.

Prens de ce Mercure vne liure, sel-petre purgé comme verras cy-dessous, du vitriol calciné iusques à ce qu'il soit rouge ana, deux liures, que le tout soit puluerisé & bien meslé ensemble, apres il faut arrouser ta mixtion auec le vinaigre distillé, choisissant le plus fort qu'il se pourra treuuer, & puis incorporer le tout ensemble auec vn pilon de bois, & faut continuer l'action iusques à ce que le Mercure soit bien mortifié, ce qu'estant, il faut incontinent faire vne masse du tout, & la mettre dans vne cornue mediocre mais bien lutée, ayant prins garde qu'elle fut bien nette; i'entens qu'il n'y eust aucune grauelle au verre, car cela la feroit rompre : ces choses estant bien obseruées, tu feras ta distillation dans le sable, l'espace d'vne nuict entiere, à fin que le phlegme du vinaigre sorte. Le phlegme estant sorti, il faut augmenter le feu par degrez durant l'espace de vingtquatre heures, car le Mercure montera alors au plus haut de la cornue, se rendant de couleur noirastre; pour ce qui est de la poudre iaune, elle demeurera au milieu de la cornue, & vn peu plus bas, au dessus des feces ſera la poudre rouge,laquelle tu pourras prendre auec la jaune,ayant rompu le verre; apres aye vne liure ſel-petre & autant d'alun calciné comme l'ordinaire, ſçauoir deſſus quelque tuille aſſes capable,ou quelque piece de pot de terre à feu, ceſte calcination ſe doit faire à petit feu; de peur que les eſprits ne s'enuollent, prens apres le tout,& le briſe,l'humectãt touſiours auec le phlegme qui eſt ſorti de la premiere diſtillation,ſublime-le derechef dans vn nouueau alembic comme auparauant, & continuant ton feu l'eſpace de douze heures, auras ta poudre tres-rouge, laquelle montera vn peu au deſſus de la matiere maſſiue du fonds, deſſus ceſte rouge ſera la jaune:la noire ayant gaigné le plus haut, il faut laiſſer refroidir le verre,& puis le rompre ſubtilement, à fin de pouuoir librement cueillir la poudre rouge qui eſt attachée aux coſtes du verre, car c'eſt celle qui eſt pure & meure, l'ayant ainſi cueillie,il la faut adoucir auec eaux cordialles, mais ſur la fin il faut y jetter d'eau de vie,& y mettre le feu,d'autant que cela luy oſte toute la corroſion qu'il pourroit auoir; tu pourras rougir la poudre jaune, la calcinant deſſus vne piece de plat de terre à feu, en la chaleur mediocre, le radouciſſant apres comme tu as faict cy-deſſus, quant à la matiere craſſeuſe qui eſt au fonds, & la poudre noire de la cime, elles ne ſeruent à rien qu'à mettre au fumier.

Remar

Remarque de la purification du sel petre.

POur cognoistre si le sel petre, duquel nous auons parlé cy-dessus est bien purifié, il faut proceder en ceste façon, sçauoir, prendre dudit sel petre, & le mettre sur vne lamine de fer, puis y mettre le feu; que si le sel s'enuolle sans laisser aucun vestige crasseux, c'est signe qu'il est bien purifié, si au contraire il laisse la lame ou lamine crasseuse & noirastre, il ne l'est pas, & le faut en ce cas repurger d'auantage.

La dose & vsage dudit Mercure.

POur ce qu'est de la dose dudit Mercure, elle est pour l'ordinaire de trois à cinq grains auec le Theriaque, suc de roses, ou pillules du Catholicon.

Ce n'est encor assez, car pour la preparation du Mercure, i'ay encor deux fort excellens secrets, dont le premier est cestuy-cy:

Premierement le Mercure se rend en cinabre tres-rouge de soy sans aucune addition I.
moyennant certains instruments propres à cela, & c'est le grand secret inuenté par Paracelse, duquel Eusebe (le preferant au turbith mineral) a vsé pour plusieurs maladies desesperées & ce auec honneur & contentement.

II. Quant au second secret, il a la force & vertu de mortifier toute sorte d'esprits corrosifs, tant du sel que du vitriol, & c'est par la faueur du Mercure sublimé, duquel par vn admirable artifice se faict vne poudre cristalline touà faict sans aucun goust, laquelle neantmoins est vn tres-excellent cathartique, chassant de soy-mesme ou auec des autres cathapoces (c'est à dire medecine qu'on aualle sans m'ascher) toutes les impuretez du corps humain, chose presque incroyable, n'estoit que ceux qui sçauent que le Mercure est le vray baulme naturel (auquel sont les vertus incarnatiues & regeneratiues clarifians miraculeusement toutes les racines impures du corps) nous en donnent vn tesmoignage tres-asseuré.

Fleurs d'Antimoine butiré.

PRens Antimoine d'Hongrie, & Mercure sublimé ana vne liure, lequel broyeras & mesleras ensemble. Tu le mettras puis apres dans vne retorte bien lutée pour le faire distiller au petit feu de sable, & alors tu verras sortir vne liqueur semblable au beurre, que si par hasard elle vient à se congeller au col de la retorte (comme bien souuent arriue & principallement en hyuer) prens vn charbon allumé auec des pincettes, & le mets droict contre ladite liqueur, le tenant la iusques à ce qu'elle soit liquefiée, car autrement elle empescheroit la distillation.

Ceste liqueur est communement appellée Mercure de vie, quoy qu'elle soit grandement corrosiue : ils se sont trouuez quelques vns si temeraires neantmoins, qu'auec iceluy se sont ioüez de la peau des personnes.

La

La maniere pour oster la corrosion.

NOus auons desia dit que ceste liqueur est grandement corrosiue, toutesfois elle se peut adoucir & corriger en ceste façon, sçauoir, la lauant plusieurs fois auec eau chaude, laquelle resout les esprits du sel, duquel la corrosion procede : il faut conseruer ceste poudre pour en vser aux fortes complexions, & de faict elle est meilleure que les fleurs d'Antimoine preparées par sublimation.

Il est permis à qui voudra de rectifier ce beurre Antimonial, ou Mercure de vie, auant qu'il y verse leau chaude, d'autant que par ce moyen il aura des fleurs plus blanches ; ceux qui sçauent rectifier cest huille auec l'or fermenté & rarefié, peuuent donner asseurance s'il est inutile à la medecine chymique.

L'vsage & les forces des fleurs d'Antimoine butyré.

Il est tres-bon contre la peste. I.

Contre les maux de teste de quelle façon qu'ils prouiennent.

Contre les fieures (si par hasard elles prouoquent à vomissement) il ne faut point craindre qu'il porte aucun dommage:

Pour la verolle.

Pour la lepre.

Pour l'hydropisie elle faict les operations le plus souuent par le bas, & non par vomissement.

Pour les vlceres malings & inueterez.

La dose des fleurs d'Antimoine butyré.

NOus auons traicté de la preparation de l'Antimoine butyré, de son vsage, & de ses vertus : il reste maintenant que nous traitions de la dose d'iceluy, laquelle pour l'ordinaire n'est que de deux à quatre grains, meslez auec le panchimagogue, conserue de roses, ou de violettes, dans le moyeu d'vn œuf, ou en fin auec le syrop de coings.

Il faut diligemment prendre garde que celuy qui aura prins l'Antimoine, tienne le lict, prennant vn bon quart d'heure apres vn boüillon, lequel seruira pour vomir auec moins de peine & trauail, que si le malade sent auoir le ventre vuide, il faut reïter ce boüillon ou ceruoise chaude deux, trois & quatre fois s'il est de besoin.

Fleurs d'Antimoine corrigé.

PVis que nous sommes apres l'Antimoine, il ne faut pas oublier les fleurs d'Antimoine corrigé, lesquelles se font en ceste façon:

Premierement, prens les fleurs blanches d'Antimoine preparé à l'ordinaire des Chymiques par les pots artificiels, ou autrement prens de ces fleurs qui sont tirées par le benefice de la retorte lors que l'Antimoine y est reduict par la violence du feu.

Apres prens sel de tartre à ta discretion, pourueu qu'il soit espuré auec vne frequente solution & coagulation, y versant dessus autant de vinaigre distillé qu'il en sera de besoin pour le dissoudre, cela estant, attire le vinaigre

Cela se doit faire au bain.

auec

auec vn feu lent, deslors qu'il sera sorty, remets y en d'auantage, mais bellement, & continue cela iusques à ce que le vinaigre sorte du mesme goust que tu l'auras mis dedans, ce qui sera apres la neufiesme ou dixiesme fois.

Prens de ce sel seiché apres l'incorporation faicte des esprits de vinaigre, & de luy, par exemple vne once & demy, fleurs blanches d'Antimoine vne once, lesquelles mesleras bien, les mettant par apres dans vn creuset ou creusot au feu, iusques à ce qu'elles se liquefient, estant liquefiées, prens ceste masse rouge comme sang, ou feu, & la verse sur vn marbre iusques à ce qu'elle soit refroidie, ce que tu pourras recognoistre par la couleur, car lors qu'elle sera froide, elle sera de couleur cendrée.

Brise incontinent ladite masse, laquelle mettras dans vn verre, & puis y verseras d'eau de vie aromatisée comme s'ensuit, sçauoir auec le

Galanga.
Noix muscades.
Geroffle.
Canelle fine.
Macer ana demy once.
Saffran trois drachmes.

Il faut mediocrement broyer tout cela, puis y verser l'eau de vie dessus sans phlegme, neãtmoins puis attire les teinctures sur les cendres, lesquelles tirées, osteras & verseras l'esprit de vin, ou eau de vie par inclination, & y en remettras d'autre, iusques à ce qu'il sorte clair: au reste tout cest esprit de vin teinct & aromatisé

soit

ſoit versé ſur le tartre & Antimoine qui ont eſté liquefiez enſemble, y adiouſtant du ſel de perles & de corail ana deux drachmes, cela faict, iette-le tout dans vn alembic de verre, le laiſſant digerer l'eſpace de deux iours entiers aux cendres chaudes, & puis mets le chapiteau audict alembic, & fais ta diſtillation lentement à petit feu, car l'eſprit de vin ſortira & la teinture aromatisée demeurera au fonds auec la poudre d'Antimoine & de Tartre, laquelle ſechée ſera de couleur de geroffle, & par ce moyen tu auras ton Antimoine fort bien preparé, garde par apres ceſte poudre dans vn verre bien clos, parce qu'elle ſe reſoudroit à cauſe de l'air, & d'icelle ſers-t'en auec toute aſſeurance.

L'vſage, les forces, & la doſe des fleurs d'Antimoine corrigé.

APres la cauſe naturellement s'enſuit l'effect, donc apres la preparation des fleurs d'Antimoine corrigé, il faut dire ſes proprietez, à fin que nous n'ayons trauaillé en vain: ces fleurs ſuſdites font des merueilles.

Premierement, contre la peſte.

Pour les fieures ardantes.

Pour la manie ou rage.

Pour les breuets ou enſorcelements.

Pour la folie.

En fin pour toute ſorte de maladies cauſées par le moyen de latre-bille.

Pour l'epilepſie & autres prouenantes de meſme cauſe qu'elle.

Elles

Elles purgent par les parties inferieures, par vomissements & sueurs, d'ailleurs cesdites fleurs resoluent tout ce qui est nuisible au Microcosme.

La dose est depuis sept à dix grains, mais le dernier est pour les plus robustes.

Electuaire d'Antimoine.

POur faire l'electuaire d'Antimoine, il faut prendre verre d'Antimoine fusé lors que le Soleil & la Lune sont au signe d'Aquarius ou des Poissons, broye-le subtilement, y meslant du vinaigre distillé, puis le seche aux cendres chaudes, continue cela deux ou trois fois, & par ce moyen tu auras vne masse blanche, laquelle mettras en poudre; quoy faict, prens deux onces de ceste poudre:

Theriaque fine d'Andromach ana.
Noix muscades.
Mastich ana deux drachmes.
Escorce d'oranges.
Corail rouge preparé ana deux drachmes.
Geroffle.
Semence de fenoitil.
Coriandre preparé ana deux onces.

Pulverise-le tout ensemble, & le mesle bien auec vn quarteron de paste de coings, dequoy feras apres vne masse, & à ton besoin en feras de pillules de la grosseur d'vn poix, desquelles tu pourras vser auec toute asseurance pour les maladies qui s'ensuiuent.

Les

Les forces de l'electuaire d'Antimoine.

Ces pillules susdites sont admirables contre
La peste.
Fieures quartes.
L'hydropisie.

Elles ne sont moins excellentes pour les maladies longues & confirmées.
Les fieures inueterées.
La cacochymie.
La melancholie.
La folie.
La delirie ou radottement.
Et en fin contre tous symptosmes prouenans de venin.

La dose dudit electuaire.

Pour les plus foibles, la dose doit estre tant seulement d'vne desdites pillules.

Pour les plus robustes, il en faut donner deux & non d'auantage.

Aduertissemens pour ceux qui donnent l'Antimoine, ou le Turbith.

PRemierement, il faut que ceux qui exhibent ces deux cathartiques, se prennent garde que leur malade ne soit atteint d'aucune collique, ou constipation de ventre.

Secondement, qu'il n'aye aucun des principaux membres blessé, comme sont le foye, la ratte, les poulmons, &c. car cela estant, il y auroit grandement du danger à cause des vomisse missemens qui s'ensuiuent.

Tiercement, il ne faut pas permettre que l'on ouure la veine à ceux qui en prennent.

Quartement, il faut aussi prendre garde que le malade n'aye esté saigné de long temps auant.

En cinquiesme lieu, il faut auoir apresté vn boüillon clair pour donner lors que le vomissement arriue, à faute de boüillon clair, on peut donner vn boüillon de poix cuits legerement, ou bien d'vn poulet maigre, outre qu'à faute de tout cela, l'on se peut seruir de la ceruoise chaude, & à fin que le medicament face plustost son operation, on peut reïterer lesdits boüillons, on en peut donner deux ou trois heures apres le repas indifferemment.

Sixiesmement, il faut que le Medecin se donne garde de n'en donner facillement aux bilieux, ou à ceux qui ont la carrure estroicte; car ils ont grande difficulté à vomir. Moins encore à ceux qui sont de petite complexion, de peur que par l'vsage d'iceluy, leur estomach ne soit d'auantage debilité, & leur forces perduës. Quant à ceux qui n'ont aucune difficulté à vomir, aux robustes, & larges de carreure, desquels la matiere des humeurs monte facilement, il ne faut point faire difficulté de leur en donner, car il operera auec vn succez autant heureux qu'aggreable.

Septiesmement, si la maladie se rend reuesche & fascheuse, il faut l'amener à maturité par l'vsage du Turbith, l'espace de deux iours, puis vser librement de l'Antimoine.

En

En fin si c'est pour la peste que l'on vse de l'Antimoine, il se faut prendre garde de mettre en mesme temps du maturatif attractif dessus le bubon, car autrement il s'endurcit si fort qu'il ne sçauroit estre remis de deux mois.

Pour empescher les vomissemens de l'hypercatharse lors qu'ils sont trop vehements.

Il faut donner du Theriaque recent, ou rob de coings, mettant vn emplastre faict d'vne crouste de pain dessus le ventricule, vn autre de mesme à la plante des pieds, mais il faut auoir trempé ledit emplastre dans du bon vinaigre.

Pour moderer le mal de teste, lors qu'il arriue trop fort & violent.

POur moderer le mal de teste trop violent arriuant en tel cas, il faut prendre eau de roses, de laictue, bon vinaigre, & huille rosat; meslant le tout ensemble: cela faict, il faut moüiller vn linge dans ladicte composition, puis l'apliquer sur la teste du malade en façon de frontal, & sans doute il se sentira allegé de son mal en moins de demy heure.

Panchymagogue.

ENtre tous les medicamens Cathartiques (quoy que i'aye beaucoup despendu à l'experience d'iceux) ie n'ay iamais peu rencontrer

contrer vn, lequel opere plus aisément que le panchimagogue.

Si l'on pouuoit preparer l'Antimoine (que le vulgaire tient comme abominable à cause de sa vehemence au vomissement) en telle façon qu'il fist ses operations par les parties inferieures, sans exciter à vomissement, comme i'ay monstré en mes preparations precedentes, à peine se pourroit-il donner cathartique plus aggreable : toutesfois on n'a encor peu faire rencontre de sa vraye preparation, non plus que de celle de l'or potable, quoy que l'insolence de quelques vns soit venue iusques-là, que de s'en vanter faussement.

Or donc prens { Specierum diarrhod. abbat.
Diambræ ana vne once.

Desquelles choses tu en tireras la teincture en ceste façon, sçauoir, les mettant en digestion dans l'esprit de vin l'espace de quatorze iours, les remuant tous les iours quelque peu : car c'est en ceste façon que la teincture se doit retirer, outre qu'on la peut conseruer par le dehors. Apres prens

Poulpe de colocynthe sept drachmes.
Turbith gommeux cinq drachmes.
Agaric du meilleur vne once.
Racines d'hellebore noir vne once.
Scamonee choisie six drachmes.
Fueilles de sené quatre onces.
Rheubarbe choisy trois drachmes.
Elaterij deux drachmes.
Semence d'hiebles pilée trois onces.
Hermodactes trois drachmes.

Desquelles choses tu couperas ou fendras ce qu'on a coustume de couper & fendre; puis piller le reste, & jetter l'esprit de vin qui a esté retiré des especes ou essences susdictes (sçauoir de diarrhoid & diambræ) dessus ces medicamens purgatifs, les macerant l'espace de douze ou quatorze iours dans le bain Mariæ; Toutesfois se faut prendre garde que le verre soit fort, de peur que l'esprit de vin ne rompe: tu retireras apres cest esprit par inclination, & y en remettras de nouueau, iusques à ce que toute la teincture, & faculté purgatiue en soit retirée; mets apres c'est esprit teinct dans le bain Mariæ, & le distille à petit feu, iusques à ce qu'il laissera au fonds vne certaine crasse mielleuse, sur la fin il y faut adjouster:

Huille de canelle.
Huille de Geroffle.
Huille de muscade ana dix gouttes.
Sel de perles.
Sel de corail ana deux drachmes.
Sel desdites feces calcinées auec rasclure du crane humain, & c'est pour luy donner plus grande force & vertu.

Quant à ce Cathartique, il est tel, qu'il est impossible d'en rencontrer vn, lequel puisse purger auec moins de difficulté, n'y plus benignement.

L'vsage & la dose.

Il faut prendre de ceste composition d'vne scrupulle à deux, meslée auec bon vin.

Quel

Quelques-vns en vsent auec quelques gouttes d'huille de vitriol.

Il purge premierement toutes les humeurs nuisibles, meslées auec la poudre de reglisse.

On peut l'accommoder en pillules, ou bien (pour le mieux la dissoudre) auec la maluoisie.

Description seconde du Panchymagogue.

POur faire ceste seconde & derniere composition du Panchymagogue, il faut prendre premierement :

Poulpe de colocynthe six drachmes.
Agaric.
Scamonée choisie ana demy once.
Hellebore noir.
Specierum diarroid. abba.
Aloes succotrin ana vne once.

Desquelles choses on doit tirer l'essence & teincture auec l'esprit de vin : l'ayant tirée, il faut separer ledict esprit par le Bain Mariæ; & parce que souuent la force purgatiue se debilite en l'extraction desdits purgatifs, quelques vns y veulent mesler vne partie des purgatifs cruds. Quant à moy i'ay tousiours mieux approuué de les mettre au bain, auparauant que la matiere mielleuse du fonds s'espoississe tout à faict. Or pour faire les pillules & mettre en vsage ton Panchymagogue, il faut prendre

Trochisques d'Alhandal six drachmes.
Diacrydion preparé.
Agaric en trochisques ana demy once.
Aloës hepatique vne once.

Lesquelles choses tu pilleras fort & ferme, & les reduiras en poudre tres-subtille, la meslant auec la teincture mielleuse, & en feras apres vne masse, de laquelle tu formeras des pillules pour ton vsage.

La dose.

Quant à la dose, elle est pour l'ordinaire de dix à quinze & vingt grains, selon la disposition ou temperament du malade : toutesfois le iugement du prudent Medecin doit en cela seruir de conduitte.

La vraye preparation de la Scamonée.

POur preparer la Scamonée auec toute asseurance, il en faut prendre demy liure, bien triée & choisie, & la piller iusques à ce qu'elle soit reduitte en poudre bien subtille, laquelle il faut passer par le tamis : estant ainsi passée, il la faut arrouser auec le suc de roses passes, ou sauuages pour le meilleur ; bien coulé auparauant.

Toutesfois on ne sçauroit peut-estre auoir en tout temps dudit suc, & seroit-on en peine comment le conseruer, ce que i'enseigne aux curieux. Pour conseruer donc ledit suc, il le faut tenir en vn lieu bien frais, de peur qu'il ne deuienne aigre, & par consequent inutile, y ayant adiousté vne ou deux gouttes d'esprit de vitriol. Ce suc de roses se peut encor conseruer le sechant au Soleil ou derriere vne fournaise. Notez neantmoins qu'il faut reiterer ce-

ste

ste exsiccation vingt ou trente fois, mais bien lentement; car ainsi la malignité de la Scamonée se dissipe; laquelle autrement donneroit de grandes & aspres douleurs de ventre, à cause de sa viscosité adherente aux tuniques du ventricule, il sera permis à qui voudra, d'adjouster du suc de coings au susdits suc de roses, car par ce moyen on n'aura pas tant de difficulté à purger: tu pourras exciter & renforcer les vertus purgatiues de toute sorte de cathartiques par le moyen de celuy-cy.

L'vsage dudit Cathartique.

Il est propre à toute sorte de maladies qui ont besoin d'euacuation.

La dose dudit Cathartique.

POur ce qui est de la dose, on doit regarder les forces du malade; car pour les plus foibles on n'en doit donner que cinq grains, pour ceux qui sont de complexion & force moyenne, l'on se peut aduancer iusques à douze grains au plus; mais pour les plus forts & robustes, on ne doit point auoir de crainte d'en donner iusques à vingt grains; il est permis de le mettre en pillules ou en poudre, & le mesler auec le syrop de roses.

Seconde & tres-bonne preparation de la Scamonée.

POur ceste seconde preparation, il faut prendre Scamonée bien nette & choisie, dans laquelle tu verseras suc de roses, & lors que ledit suc sera imbeu & sec, y en mettras d'autre, reiterant cela trois ou quatre fois, apres auras en main d'esprit de vin sans phlegme, auquel auront trempé par l'espace de vingt quatre heures les semences qui s'ensuiuent, sçauoir:

semences { D'anis.
De fenoüil.
Canelle.
Spica nardi.

Ladicte digestion se doit faire au Bain Mariæ. Ayez telle quantité d'Alcohol ou esprit de vin, qu'elle soit suffisante pour tirer toute la teincture ou essence de la Scamonée (au preallable mediocrement pillée) tu cognoistras la quantité de l'esprit, si dans le Bain, il surnage deux ou trois doigts la Scamonée, laisse les ainsi demeurer trois ou quatre iours, les remuant trois ou quatre fois chasque iour; car par ce moyen tu retireras l'essence ou teincture: sors l'esprit teint apres par inclination, & y en remets d'autre nouueau, te gouuernant comme tu as faict au premier: reitere cela iusques à ce qu'il ne soit plus teinct. Mets incontinent cedit esprit dans le Bain Mariæ, & le distille iusques à ce que la Scamonée demeure au fonds espoisse & mielleuse; l'ayant retirée, la secheras dans vn vase asses capable, y meslant sur vne once,

Suc de coings espuré quatre onces.

Suc de roses rouges aussi espuré vne once.

Cesdictes choses doiuent estre mises dans vn

vn vase de verre asses capable & grand, les remuant auec vne spatulle d'argent. Il se faut prendre garde de faire petit feu, car la matiere se cuiroit tout à faict. Note neantmoins qu'auant que tout l'humide (ou humeur) soit exhalé, il faut y adjouster :

Sel de perles.

Sel de corail ana vne drachme.

Et par ce moyen seras asseuré d'auoir vn cathartique, lequel purgera benignement, & sans aucune difficulté.

La dose dudit cathartique de Scamonée.

L'vsage & dose depend de la prudence du Medecin, toutesfois pour les plus forts & robustes, ie ne conseille pas de passer la pesanteur de vingt grains.

Remarque.

Quelqu'vn me pourroit peut-estre objecter comment on recognoit lors que l'esprit est tout sorty dehors, à quoy ie respons facilement : Il faut sçauoir à peu pres la quantité de l'esprit que l'on a mis dedans; & lors qu'on voit que l'on a presque sa premiere quantité, il faut oster le bain du feu, & le laisser refroidir, puis leuer le chapiteau, & sans peine l'on voit s'il y en reste encor quelque peu, que si par hasard y en reste, il ne faut que recouurir ledit bain, & le remettre au feu iusques à entiere euaporation.

En ce lieu les plus curieux & industrieux

ſoyent aduertis qu'il eſt permis de meſler proportionément de l'eſſence du cathartique auec l'electuaire de coings,& puis le faire cuire, d'autant que par ce moyen la force purgatiue de l'electuaire demeure apres l'euaporation de l'eſprit de vin.

Ces cathartiques doiuent eſtre donnez proportionnément,comme i'ay dit cy-deuant, ſelon la diſpoſition & force des malades,ſans aucun danger, ains auec contentement & vtilité, veu que leur ſaueur n'eſt aucunement deſagreable à la bouche.

Specifique purgatif de Paracelſe.

OR il eſt queſtion(ayant traicté des cathartiques)que nous venions au purgatif ſpecifique & admirable de Paracelſe, lequel ſe faict en ceſte façon.

Il faut premierement auoir le vitriol purifié de ſon ſoulphre. Mais à fin que i'aille par ordre methodique, ie veux donner le moyen de le purifier.

Prens vitriol d'Hongrie, & le diſſouts auec eau commune dans vn baſſin de cuiure, eſtant diſſout,meſle-y d'huille de tartre,ſçauoir,pour trois liures de vitriol,quatre onces dudit huille de tartre,laiſſe les refroidir enſemble,eſtant froids oſte ce qui eſt clair,car le ſoulphre puāt & nuiſible à ceſte operation demeure au fonds; fais euaporer bellement ceſte eau claire que tu auras oſté , iuſques à ce que tu voyes qu'elle commence à prendre vne petite crouſte ; & alors

alors va le mettre en quelque lieu frais, car le vitriol qu'il faut garder, croiſtra & ſe formera en petites pierres.

Secondement, la diſtillation de l'eſprit de tartre ſe faict en ceſte façon:

Prens deux liures de tartre blanc crud, & y mets vne meſure ou vn pot d'eſprit de vin, le laiſſant digerer enſemble l'eſpace de quatorze iours au poiſle, dans vn vaſe clos qu'il n'aye point d'air; cela eſtant, mets-le diſtiller au feu lent, iuſques à ce que les gouttes jaunes huilleuſes commencent à ſortir, car alors c'eſt ſigne qu'il n'y a plus d'eſprit de vin dedans, garde & conſerue c'eſt eſprit qui eſt ſorty, & renforce incontinent ton feu iuſques à ce que le tartre ſoit mediocrement calciné, non toutesfois iuſques à blancheur, car il ſuffit qu'il aye ſeulement la couleur noire. Mets apres l'eſprit ſuſdict que tu as conſerué, deſſus ce tartre, & le laiſſe demeurer là en putrefaction au Bain l'eſpace de trois iours, leſquels expirez, le diſtilleras premierement au ſable, puis dans vn alembic bien lutté qui ne ſoit pas trop haut, & à feu ouuert ſi tu deſires auoir l'eſprit de tartre requis, & tel qu'il faut.

Tiercement, prens vne liure du premier tartre calciné, duquel l'eſprit a eſté extraict.

De vitriol preparé vne liure, pille les bien enſemble, & les mets dans vn grand vaſe de verre, auquel verſeras l'eſprit de tartre qui aura eſté diſtillé & extraict: y ayant meſlé vne pinte ou pot de vin blanc vieux, ferme ton verre auec ſon chapiteau, & le laiſſe demeurer en vne chaleur lente l'espace de quatorze iours, cela estant, commence à distiller ta mixtion en vn petit feu au sable, à fin que l'esprit plus subtil du tartre & vitriol puisse mieux monter, lequel il faut soigneusement conseruer : apres cest esprit sort le phlegme doux, lequel faut pareillement mettre à part : ayant tiré ce phlegme brise ta matiere, laquelle sera augmentée de beaucoup, & la mets dans vne retorte bien lutée, la faisant premierement à petit feu, de peur que la matiere ne se liquefie, puis renforçant son feu comme l'on faict à la preparation de l'huille de vitriol, continue la violence de ton feu, iusques à ce que les esprits soyent tout à faict dehors, lesquels mesleras auec les premiers.

Le phlegme ne vaut rien tout à faict, & n'a aucune vertu en medecine.

En quatriesme lieu, tire le sel des feces, ou excrements qui seront demeurez en ceste façon. Pille ceste matiere, & la mesle auec eau commune, laquelle distilleras, & continueras ceste reuerberation & extraction iusques à ce qu'il n'y demeure aucune saleure ; apres mesle l'extraction salée, & fais euaporer ton eau à petit feu iusques que le sel demeure sec : mets apres ce sel dessus le marbre, & le broye à fin de le mieux distiller à ton ayse.

Or pour ce faire, il faut auoir vn alembic à long col, & ietter le sel broyé dedans, puis y verser les propres esprits, sçauoir les premiers & derniers, desquels le phlegme a esté ietté, iusques à l'eminence de trois ou quatre doigts, & encor que le phlegme n'auroit pas esté si bien separé qu'il faut, il n'y auroit pour cela point

de

de danger. Ces choses meslées il les faut laisser dans le bain l'espace de quelques iours, car alors ces esprits retirent leur propre essence: verse les par inclination, & y en remets d'autres, en fin reitere cela iusques à ce que les esprits sortiront en la propre & naifue couleur que tu les auras mis dedans.

Cinquiesmement, mesle ces extractions d'esprits & les mets au Bain-Mariæ par l'espace de quatorze iours remettant tousiours dedans ce qui aura esté distillé : mais sur la fin il faut distiller fort & ferme au sable tout ce qui voudra sortir: quant au residu, il le faut pousser à feu ouuert, d'autant que pour lors le sel & les esprits sortiront tous ensemble.

Sixiesmement, mets ensemble les esprits qui sont sortis auec les sels, au Bain Mariæ, & ce en telle quantité que tu voudras; que si lesdits sels se repercutent & espoississent au fonds, c'est signe qu'il en sortira vne liqueur blanche semblable à la chaux de lune, ou calx lunæ dissoute en eau valide, alors le propre esprit se peut tirer au Bain Mariæ, & à petite chaleur, la matiere demeurant au fonds en petite consistence semblable à la bouillie.

Et par ce moyen tu prepareras ton purgatif specifique, la peine duquel ne te doit estóner, veu que les effets en sont par apres admirables.

Autre façon plus facile de le preparer en la seconde reiteration de l'operation.

On peut prendre & garder le residu de l'esprit qui a esté tiré le dernier, pour la seconde prepa preparation, par le moyen duquel ton labeur sera plus facille, car alors tu prendras le sel de vitriol, & le sel du tartre, autant de l'vn que de l'autre, desquels tu tireras l'essence par la faueur du susdit esprit; quant au reste, procede en la mesme façon que dessus.

Mais d'autant que le purgatif ne se peut faire tost, & en grande quantité, non seulement les mineraux realgaires doiuent estre expurgez & expulsez du Microcosme, mais encore les impuretez terrestres par l'attraction du sel de quelques herbes, rendu volatille par le benefice de l'alembic, lequel sel il faut mesler proportionément auec le purgatif specifique, d'autant que pour lors il opere plus facillement, vsant neantmoins tousiours de la dose precedente.

La maniere de preparer le sel des herbes.

Prens
- herbes & racines de
  - Ellebore noir.
  - Chardon benist.
  - Imperialle.
- Racines de
  - Persil.
  - Angelique.
  - Centaurée.
  - Pimpinelle.
  - Tormentille.
  - Chelidoine.
- herbes & fleurs de
  - Cicorée.
- herbes
  - Hypericon.
  - Aron.
  - Verbascon.
  - Vincetoxicon.
  - Pentaphylon.

Il faut esgallement en mettre autant des vnes que des autres sans outrepasser le poids.

Que toutes ces herbes, racines & fleurs, soyent sechées à l'ombre, sans sentir aucunement le Soleil: estant seches il les faut descouper, & mettre dans vn petit tonneau, les arrousant auec decoction faictes d'houblon (ou houbelon selon aucuns) & de leuain: quoy faict, il les faut mettre au poisle, ou lieu bien chaud à fin qu'elles s'enflent, les laissant là l'espace de trois sepmaines, sans oublier de les remuer pour le moins vne fois le iour. Apres il faut distiller ceste composition auec la cornue de cuiure, laquelle aye vn refrigere d'esprit, comme quand on faict l'eau de vie, les esprits estãt sortis, il les faut rectifier mediocrement, & reduire en cendre la masse morte ou feces qui sont demeurées au fonds, desquelles tu tireras le sel; auec lequel (apres qu'il sera sec) mesleras l'esprit propre, à fin que dans quelques iours il tire son essence au Bain Mariæ: retire cest esprit, & y en remets d'autre nouueau, reïtere cela iusques à ce qu'il n'en sorte plus. Apres mesle ces extractions, & les laisse dans le Bain Mariæ l'espace de trois ou quatre iours, que si les feces ou excrements descendent au fonds, tu les pourras facillement separer auec vn cornet de papier faict en façon d'entonnoir, ou bien auec vn entonnoir de verre: cela faict distille ces extractions au bain boüillant, car alors le sel montera ensemble auec l'esprit; que si par hasard il y restoit encor quelque chose, il faudroit y remettre d'auantage desdites extra-

ctions,

ctions, leur permettant la digestion dans le bain l'espace de quelques iours, comme tu as faict cy-dessus : quant à ceste seconde distillation, elle ne se doit faire au bain comme l'autre, ains (ayant esté en digestion comme i'ay dit) la faut faire au sable, à fin que tout sorte mieux, prens apres tout ce que sera sorty, & le iette sur asses bonne quantité de son phlegme, & le laisse en quelque lieu bien frais, parce que le sel descendra au fonds par le moyen de la froideur. Tu pourras retirer ce sel subtilement distillé (lequel est demeuré au fonds de ton extraict) par inclination, conserue neantmoins cest esprit que tu osteras du sel à fin de t'en pouuoir seruir pour la seconde extraction : le demeurant du fonds se peut adoucir estant seché au poisle, & alors restera ce sel des herbes: les vertus duquel sont presque inombtables en la medecine, l'vsage & dose duquel (selon Theophraste) est tel.

Prens vne partie du purgatif specifique, vne autre partie de l'essence de saffran Oriental tirée auec l'esprit de vin, de laquelle l'esprit de vin ne soit separé, mets cela ensemble, & le remue & circule durant l'espace de trois semaines, & le garde pour ton vsage. On le pourroit bien donner sans l'essence, mais il ne seroit pas si excellent comme auec icelle, d'autant que l'essence conforte grandement le cœur.

Ses forces, la maniere de le donner, & la dose.

On le peut donner sans crainte pour toutes les maladies qui ont besoin d'euacuation.

Pour toutes les putrefactions & humiditez super

ſuperflues de quel coſté qu'elles procedent.

On le peut donner auec le vin d'Abſynthe, auec la maluoiſie, auec le boüillon, & ſuc de roſes, pourueu que ce ſoit à ieun.

Aux gens vieux deſpuis vingt iuſques à cinquante ans on en donne quatre grains, deſpuis dix ans iuſques à vingt on n'en dõne que trois, de dix ans en bas deux grains : ayant receu la prinſe, il ſe faut tenir chaudemẽt dans le lict vne heure durant ſans dormir; ce temps expiré il ſera permis au malade de ſe leuer s'il veut, de ſe promener, ou demeurer aſſis ſelon ſa fantaſie & commodité. Il pourroit arriuer que ce medicamẽt ne feroit pas ſon operation dans deux heures: ce qu'eſtant, il faut reïterer la doſe meſme qu'a eſté donnée au preallable, ayant prins ceſte ſeconde doſe, le malade ne doit mãger que trois heures apres, il ſe doit auſſi contregarder tout le iour de l'air. Or toy qui donnes tel medicament, ne te donne aucunement peine en quelle façon qu'il opere: car tantoſt il faict ſon effect par vomiſſemens, tantoſt par ſelles, par ſueurs, & vrines; mais fais en ſorte que tondict malade ſe repoſe le iour ſuiuant, & au troiſieſme iour augmente la doſe de la moitié, par exemple ſi tu en as donné trois grains à la premiere fois; donne en ſix à la ſeconde, & ainſi conſecutiuement iuſques à la troiſieſme fois, obſeruant le meſme regime que deſſus, & donnant touſiours vn iour de repos entre-deux; ſi toutesfois la neceſſité le requeroit, il en faudroit dõner iuſques à ſix prinſes, obſeruãt touſiours le meſme repos du malade que i'ay dit.

Quel

Quelqu'vn me pourroit demander en quelle façon l'on cognoistra estre assez.

A quoy ie respons en vn mot, que c'est assez deslors que l'on voit que le medicament purge les impuretez du corps, car lors le malade le sent courir par tous ses membres deçà & delà, principallement au centre d'où la maladie prouient, mesmes que deslors qu'il ne treuue plus des impuretez dans le corps, il ne rend aucune douleur, & ne purge point; parce que iamais il n'attaque l'humeur radical, comme font les autres cathartiques.

Diuretique.

D'autant que les impuretez de toutes les maladies, ne se veulent pas vuider par le ventre, il faut vser de diuretique & diaphoretique.

1. *Sel de succin.*

Ie t'enseigneray la façon de preparer le sel vn peu apres la description de l'huille.

La dose & vsage.

Pour l'ordinaire, la dose & vsage est de quatre à dix grains, proportionément, selon les forces & le temperament du patient.

Au reste il deschasse auec vn grand contentement l'vrine retenue.

2. *Les esprits dudit sel.*

Prens sel naturel de Cracouie, ou sel de mer bien desseiché, ou calciné si tu veux, enuiron

quatre

quatre liures, jette-y dessus eau de pluye, & puis fais paste de cela auec deux liures d'argille blanche & recente passée par le tamis de soye; ou pour le mieux, prens la matrice de la terre sigillée (ceste matrice n'est autre chose que la terre qui entoure la sigillée)& tu auras par ce moyen vne liqueur plus efficace pour l'vsage de medecine, prens apres la masse que tu auras faicte des susdites choses, & en fais des petites boules rondes, ou longuettes, desquelles tu rempliras à demy vne retorte bien luttée, les ayant auparauant bien faictes secher en vn four, à ceste retorte joints vn recipient asses ample, obseruant tousiours les degrez du feu iusques à ce que le phlegme soit tout sorty: sur la fin pousse bien auec le feu violent, continuant iusques à tant que les esprits de couleur blanche soyent dehors; la distillation se faict en mesme façon que celle de l'eau forte.

L'vsage & la dose.

Deux ou trois gouttes de ceste eau, dans eau de chardon benist ou de parietaire sont capables de donner à l'instant libre sortie à l'vrine retenue, ce n'est pas ceste eau seule laquelle est doüée d'vne telle vertu, car l'eau de vie rectifiée & separée de son phlegme a les mesmes vertus.

Obseruations pour l'esprit ou huille de sel.

C'est vne merueille que c'est esprit a vne singuliere antipatie, & contrarieté auec le sel commun.

Premierement, à raison de la soif, car c'est asseuré que le sel excite la soif, & au contraire l'esprit de sel la deschasse, comme appert aux hydropiques, ausquels il est ordonné.

Secondement, à raison de la putrefaction, car le sel commun preserue toutes choses de putrefaction à cause de sa vertu mordicante; mais cest esprit consomme dans vn iour, à cause de la force de sa corrosion & sans douleur, & de faict il consommera tout ce qui est subiect à pourriture aux playes, ou autres affections du corps humain.

Tiercement, à raison du goust, car le goust du sel commun est acre & mordicant, ce que ne se treuue à cest esprit, car sa saueur est γλυκύπικρον, & son odeur semblable à celle des pommes sauuages.

S'ensuiuent les forces & vertus de cest huille, selon l'opinion de Paracelse.

LE sel simple (comme tout le monde sçait) est le condiment de tous les condiments, c'est à dire le plus excellent de tous les autres, car par son moyen toutes choses fades & insipides sont rendues fermes, bonnes sauoureuses, & propres pour la nourriture du corps humain, & de mesme que le sel n'est aucunemét subiect à putrefaction, aussi ne permet-il que la putrefaction s'empare iamais de la partie ou il est, d'ailleurs que le sel est tellement salutaire pour le corps, qu'il est presque impossible de viure sans iceluy: estant exhibé au corps humain,

main, il consomme ce qui s'y treuue trop humide, & adstrainct la substance solide, d'où arriue qu'il empesche la putrefaction de tous les corps: que si ces vertus si efficaces sont treuuées au sel crud, combien plus admirables doiuent elles estre à son esprit preparé.

Ie ne doute point que Paracelse ne les cogneust fort bien, car en quelle sorte de maladie que ce fut, il en donnoit librement, mesmes il en faisoit vser à ses amis; sçauoir trois gouttes chasque mois, d'autant disoit-il qu'il renouuelle le sang & le corps, principallement si on mesle quelques fueilles d'or, veu que le sel est le preseruatif de toutes choses: d'ailleurs il mesloit l'esprit de sel auec l'huille de vitriol, dequoy il receuoit vn grand honneur & contentement en beaucoup de maladies, principallement pour l'hydropisie, lors qu'il le mesloit auec eau, ou sel d'Absynthe.

C'est esprit prins auec le vin, purifie merueilleusement bien le sang, & guerit de la lepre, & autres maladies.

Quant aux hydropiques il leur en faut donner tous les iours quelques gouttes dans eau d'absynthe, iusques à entiere expulsion d'hydropisie.

Pour donner soulagement aux douleurs de la teste, il le faut donner dans eau de lauende, marjolaine, ou saulge.

Pour les douleurs de cœur, se donne auec eaux cordialles froides, comme sont les eaux de violettes, roses, borage & melisse.

Pour l'estomach, le faut donner auec eau

de menthe, mesmes il a la vertu de redonner l'appetit perdu.

Pour les douleurs de foye auec eau de cichorée, de laictue, ou chardon benist.

Pour les affections de ratte auec eau d'endiue, ou pourpie.

Pour ce qu'est de la peste, il le faut donner auec eau cordialle appropriée, outre qu'il en faut oindre la partie infectée, car il a la force de faire resoudre l'aposteme, & chasser le venin sans danger: pour la resolution d'aposteme le faut mesler auec quelqu'autre emonctoire.

Si on en donne quatre gouttes dans demy once d'electuaire de geneure (attendant apres la sueur, comme singulierement le recommande Theophraste) il faict quasi des miracles contre la peste & autres venins, d'autant qu'il conforte le cœur à merueilles, & purifie le sang par mesme moyen.

Si on en donne auec du vinaigre, il chasse la sueur Anglique ou Angloise.

Il purge les reins, la vessie, rompt le calcul, ou pierre, son vsage au bain est admirable.

Vne ou deux gouttes dans l'eau d'Artemise, chasse & tue tous les vers des petits enfans quelle quantité qu'il y en aye.

Paracelse auoit coustume d'oindre le lieu affecté des hernieux ou rompus, auec ceste liqueur y adjoustant apres le bain propre à l'hernie. il est fort vtile d'en faire prendre quelques gouttes par la bouche ausdits malades, si on veut qu'ils soyent tost gueris.

C'est vn medicament qui opere à l'instant

pour

pour la collique, pourueu que l'on en donne quatre ou cinq gouttes dans du vin tiede & fort.

Quatre gouttes dans eau de vie chassent les fieures, quoy qu'elles fussent quotidiennes & inueterées.

Pour l'icterie il en faut vser enuiron trois sepmaines, & en prendre trois ou quatre gouttes chasque iour sans faillir.

Il est admirable contre les passions iliaques, contre la dysenterie, paralysie, apoplexie, & podagre donné dans eaux appropriées.

C'est en fin vne merueille de voir comment il guerit les vlceres internes.

La dose.

Pour ce qui est de la dose (d'autant que ie ne l'ay par tous les points marquée) ie la mets icy: on peut librement en prendre de quatre iusques à sept gouttes dans vne cueillerée de maluoisie, ou eau de canelle, ou en fin dans quelqu'autre eau propre.

Son vsage pour ce qui est de l'exterieur.

C'est esprit ou huille de sel meslé auec eaux appropriées sert grandement aux podagres & goutteux, estant la partie dolente oincte chaudement auec iceluy.

Il penetre toutes les veines, la chair, les os, & donne entiere guerison de tous vlceres.

Lors que les membres sont racourcis ou desplacez, soit que cela soit arriué par apostemes, ou autrement, il n'en faut que frotter la partie, meslé auec onguents propres.

Il guerit en brief tous les vlceres malins & presque incurables par autre voye, puants, comme fistulles, chancres, loups, & de semblable malignité, pourueu que l'on continue l'onction.

Les esprits du sel nitre.

Les esprits du sel nitre se tirent presque de la mesme façon, & auec mesme regime de feu, excepté qu'il sortent auec la fumée rouge.

Toutesfois il faut icy noter qu'à vne partie du sel nitre purifié, on a coustume d'y mesler trois parties d'Argille figuline blanche comme i'ay dit cy-dessus, à fin que l'on puisse faire les boulles rondes ou longuettes, desquelles faut vser apres la siccation.

L'vsage & la dose des esprits du sel nitre.

Ces esprits sont tres-bons pour la collique. (qu'on ne s'en estonne pas, d'autant qu'il y a bien de Medecins qui donnent le sel nitre tout crud pour ladite maladie) car par la violence de ce sel, la malignité & efferuescence du sel du microcosme est expulsée & totalement chassée.

Il est encor bon pour les pleuresis.

Il est merueilleux pour la prunelle.

Il se doit mesler auec autant d'esprit de vin, puis

puis de ceste mixtion il en faut donner deux scrupulles, ou vne drachme entiere dans vn plein verre d'eau de fontaine tiede.

Si on s'en veut seruir pour la colique, on en doit faire friction sur le nombril auec huile de noix, y ayant meslé vn peu de ciuette, car il n'arreste pas tant seulement les douleurs insupportables qu'excite ce mal; mais qui plus est, il dissipe & resout les humeurs cruds, nitreux, & ceux qui ressemblent au verre brisé dans le ventre, desquels (s'ils ne sont empeschez d'aller aux parties nerueuses, & articles, ce qui n'arriue guieres souuent à cause qu'ils ont vne certaine sympathie mixte auec ces membres) il s'en ensuit vne totalle impuissance & paralysie desdits articles auec relaxation, & resolution d'iceux.

Sur la fin de la cure, l'vsage d'Enula campana expulse & chasse merueilleusement le sel resolu: outre que les forces & vertus occultes du nitre, ont esté en grande estime & reputation chez les anciens Medecins.

Diaphoretique.

Pour la peste & maladie Ongarique, la sueur est vne vniuerselle euacuatiõ de tout le venin du corps; ie ne dis pas seulement du sang & du corps: mais encore des habits, ou parties adherantes & contingentes au corps, car le venin que le froid auoit renuoyé au cœur, est expulsé par le benefice de ceste sueur. Car comme nous attirons le venin des vents par l'attraction des esprits, de mesme façon aussi il

Il y a beaucoup de maladies, lesquelles veulent estre gueries par sueurs, & emonctoires, comme sont la peste, pleuresis & autres est expulsé & exterminé de tous les membres par la sueur: car il n'y a aucune partie du corps tant petite soit-elle, qui soit exempte du vent, à raison dequoy toutes peuuent suer, & par ainsi la sueur est vne vniuerselle euacuation: ce n'est pas donc sans raison que nous concluons que par la sueur la plus grande partie des maladies sont gueries.

Antimoine diaphoretique.

PRens vne liure de Mercure sublimé par le vitriol & sel, adjouste-y trois liures d'Antimoine d'Ongrie, lesquelles broyeras & messeras auec le Mercure susdit. Puis les mettras dans vne retorte bien lutée, auec son recipient clos & bien bouché : tu feras ta distillation au sable, obseruant tousiours le regime des degrez du feu, à fin que les gouttes ne se congellent au col de la cornue ou retorte, car alors elles boucheroyét le passage, d'autant qu'elles sont semblables au beurre; si tost que tu te prendras garde à ceste congellation, il faut prendre vn charbon allumé auec des pincettes & le mettre tout contre le col de la cornue, au droict de ladite congelation, & à l'instant il fondra cela, & donnera libre passage au residu qui viendra apres.

Ceste liqueur doit estre rectifiée vne fois du moins ; l'ayant rectifiée & fondue par la chaleur, verse-la dans vn verre assez capable, ayant le col assez long comme vn matras, & y adiouste d'eau regalle (quelques vns ayment mieux

mieux n'y mettre que l'esprit du sel nitre.) Il faut prendre garde en le versant, car cela se doit faire fort bellement, & goutte à goutte pour euiter la trop grande ebullition qui se faict: alors que tu verras toute la matiere estre dissoute, il faut que tu y adioustes d'or dissout en eau regalle, par exemple sur demy liure d'huille il y faut demy once d'or, puis mesler le tout ensemble, & par ce moyen demeureront claires, d'vne couleur tres-rouge & viue. Que si tu procedes autremẽt, elles demeurerõt troubles, & l'or ne se pourra iamais bien incorporer, si bien que tu verras tousiours des bluettes d'or, lesquelles estincelleront parmy. Ceste solution claire doit estre mise dans vn alembic bien luté, principallement dessus la iointure du chapiteau : n'oublie pas aussi de luter la ioincture du recipient à l'alembic, & souuiens-toy de garder les degrez du feu : commence donc à tirer ton phlegme sans t'ennuyer, car l'operation ne s'acheue que dans deux iours. Sur la fin fortifie ton feu, iusques à ce que le fonds de la courle soit rouge, il se font des petites sublimations en quelques endroits lesquelles tu pourras tirer ayant rompu ton verre. Quant au reste qui est au fonds de couleur iaunastre adherant aux costez du verre, semblable à la terre tres-seiche, & de nulle saueur sans corrosion (ce que tu cognoistras à la langue, car il s'y rendra adherant sans que tu le sentes ny acre ny corrosif) sera fort diminué, car d'vne liure d'huille tu n'auras que demy liure de ceste terre apres l'exsiccation, laquelle appelleras chaux fixe. ceste chaux fixe n'a pas besoin d'edulcoration si tu veux, seulement il la faut brusler dãs vn petit creuset, chose merueilleuse qu'elle endure l'examen du feu la dedans, sans auoir aucune corrosion que ce soit.

En vsage de medecine, c'est vn spagyrique tres-excellent & de grande vertu, meritant tout seul d'estre appellé de ce beau nom πολύχρηστον. C'est à dire de grande vtilité.

Amy Lecteur, ie te fais present de bon cœur de ce secret, lequel m'a cousté pour le moins deux cents florins.

Les vertus & vsage de ceste chaux.

Ce secret est admirable pour vne infinité de maladies: ses plus principaux effets se recognoissent aux vrines & sueurs, d'autant qu'il ne purge pas par les parties inferieures, il conforte grandement la nature à cause de l'or qu'il y a dedans.

Il faict des merueilles pour la verolle.
Pour la peste.
Pour la goutte, ou podagre.
Pour l'hydropisie.
Pour les fieures.
Pour l'obstruction & douleur de ratte, & pour le calcul.

La dose de ladite chaux.

AYant parlé de ses vertus, il faut que nous donnions resolution de la dose, à fin de

conten

contenter les amateurs de leur santé,& curieux de l'honneur.

La dose donc est de trois à huict grains en eaux conuenables: voyla tout ce que ie t'en dis pour le present, dequoy tu te pourras contenter, t'asseurant que tu n'en sçaurois treuuer vn plus asseuré ny meilleur.

L'esprit de tartre.

PRens six liures de tartre de bon vin blanc, tu le recognoistras, car il blanchit en le rompant, laue-le auec eau de pluye tiede iusques à ce que tu verras qu'il ny aura plus apparence de poussiere, en fin arrouse tondit tartre auec du vin chaud, & le seche au Soleil, ou dans vn poisle, pour le pouuoir mieux reduire en poudre par apres; que si tu l'auois mis auparauant en poudre, moüille-le auec eau de pluye tiede; il faudra cuire auec d'autre eau de pluye le residu qui est demeuré au fonds sans estre dissout, lequel se dissoudra par le moyen de ceste cuitte: quoy faict, fais l'euaporer par le benefice du filtre, & mets ce qui restera en vn lieu frais, à fin que ledit tartre se remette en pierre, lequel sera alors tartre purifié de soy-mesme (Cathartique fort propre estant prins auec ius de chair) pour lequel distiller, mets-le dans vne retorte bien luttée à feu ouuert, toutesfois il se faut prendre garde que la conionction de la retorte auec son recipient (lequel doit estre bien ample) soit aussi bien luttée, de peur que les esprits de ceste eau tres-subtille ne s'exhalent, car elle demeureroit sans aucune vertu,

Vne drachme de ce tartre sur vn demy verre du ius.

vertu,tu pourras neantmoins obſeruer les degrez du feu, commençant lentement, & puis le renforçant peu à peu iuſques à ce que tous les eſprits ſeront ſortis. Le recipient ſe remplira de fumée, dequoy il ne te faut pas eſtonner, n'y moins arreſter, ains il faut que tu pourſuiues ton feu iuſques à ce qu'il redeuienne clair & tranſparent, & prens garde auſſi que le feu ne ſoit trop vehement à cauſe de la grande penetration de ces eſprits.

Premierement, l'eau ſort, apres l'huille qui eſt grandement puant, tu les pourras ſeparer auec l'entonnoir de verre; l'eau ou eſprit ſe corrige & rectifie au couloir, le laiſſant au ſable froid l'eſpace de huict iours; quant à l'huille, il ſe doit corriger auec le vinaigre diſtillé en la retorte à gros feu; il ſort auec le vinaigre tantoſt rouge, tantoſt citrin, & par ce moyen le vinaigre prend & attire la mauuaiſe ſenteur & odeur, & l'huille l'ayant perdue, demeure beau de couleur d'or; quant à l'eſprit ou eau, doit eſtre diſtillée aux cendres chaudes, puis rectifiée deux ou trois fois, à fin qu'elle ſoit purifiée de toute mauuaiſe odeur, neantmoins ceſt auec beaucoup de perte de ſes forces; car cela ne ſe peut autrement faire. Tu pourras encor faire perdre ceſte puanteur d'vne autre façon, ſçauoir, tirant le ſel des feces, ou maſſe morte, & puis rectifiant ceſt eſprit par le bain, (car en ceſte façon, tous les huilles puants perdent leur mauuaiſe ſenteur) ou autrement circulle ceſt eſprit par digeſtion auec autant d'eſprit de vin: & en ceſte façon l'odeur ſe rendra

rendra plus aggreable; ou bien si tu veux tu le pourras rectifier auec le geroffle.

Si tu desires faire vne autre preuue, prens quelques gouttes d'huille de vitriol digerées auec trois ou quatre cueillerées d'esprit de vin; apres les mesle auec l'esprit du Tartre ; & par ce moyen tu luy feras perdre sa mauuaise odeur. Quelques-vns veulent y mesler vn peu d'eau rose pour l'amendement & correction de la puanteur ; quant à toy il t'est permis d'en faire à ta volonté.

Obseruations.

Ceste puante odeur ne se doit pas totallement oster, ny craindre ; car elle porte en soy la signature des puanteurs : & de faict elle est propre contre la peste, & autres maladies venimeuses. Elle deschasse & dissipe auec vn grand soulagement les puantes sueurs du corps humain.

Ses forces & vsage.

Parmy vne infinité de secrets celuy-cy est admirable pour empescher toutes obstructions & putrefactions ; & mesmes (si elles sont desia arriuées) les chasse incontinent.

Par ce mesme secret les paralytiques sont grandement soulagez, s'ils veulent continuer d'en prendre trois fois chasque iour, d'autant qu'il penetre, & renforce tout le corps : ce qui est principallement requis en ceste maladie.

On voit des effets presque incroyables en l'hydropisie, si on le prend auec eau de soldanella,

nella, & hyebles; on le peut encor prendre auec huille de vitriol, car tous deux ensemble chassent les eaux qui sont entre chair & cuir, & les font sortir auec l'vrine; pour moy ie croy fort bien que ceste maladie se peut difficillement guerir par autre voye que par celle-cy.

Il corrige aussi le vice de la retention des mois.

Il n'est pas moins propre pour l'herisipelle, proportioné auec le Theriaque; sur la fin de la maladie on en dőné vne drachme, il faut neãtmoins qu'aux plus robustes la seignée precede.

Il deschasse l'icterie ou iaunisse, & toutes les maladies prouenantes de mesme cause qu'icelle.

C'est vn singulier remede contre la verolle, ou mal de Naples donné auec le Turbith mineral, car il chasse totallement le mal interne de son centre. Pour l'exterieur on faict tomber les croustes des vlceres auec huille de gayac les oignant souuent auec iceluy.

Il guerit despuis le pied iusques à la teste toute sorte de rogne interne & externe.

Il prouoque à sueur.

Il faict des effets nompareils pour les pleuresis & squinancie.

Il arreste le mal de teste.

Il soulage les febricitans.

Il mitige les conuulsions aussi bien que les points aux costez.

I'ay veu (auec ce baulme) guerir Madame Catherine Bappenheymie, par Monsieur Dauid Syderocrate, laquelle par les douleurs de colique

lique eſtoit deuenue percluſe de tous ſes membres, car elle ne remuoit ny pieds, ny mains, ny teſte, n'ayant que la langue libre. Quant à l'vſage du baulme, il s'en ſeruy touſiours, frottant d'iceluy exterieurement les parties impuiſſantes.

La doſe.

Quant à la doſe pour chaſque fois dudit baulme, elle eſt d'vn ſcrupulle à deux, adiouſtant les eaux conuenables.

Le vray ſoulphre de tartre, bien cauſtique, a eſté en grande eſtime parmy les Anciens Philoſophes & Medecins, il ſe tire par le benefice des eſprits Homogenes, ou par ſoy-meſme.

Confortatif.

Ce confortatif eſt interieurement & naturellement corroboratif; outre que c'eſt vn baulme qui mondifie & clarifie les eſprits & elements du Microcoſme. Il ne faut pas neantmoins (ſelon Paracelſe) prendre garde ſi la maladie prouient de cauſe froide ou chaude, mais il faut ſeulement auoir eſgard à la vertu du medicament.

Et par ainſi les cures leſquelles s'acheuent par ſedation, corroboration, & mitigation ſont plus aſſeurées & excellentes, comme ayant plus de ſympathie auec le baulme naturel: & de faict ces cures doiuent eſtre conioinctes autant qu'il eſt poſſible auec les premiers indices de curation, c'eſt à dire auec le purgatif, reſolutif,

Pour le baulme naturel, entens la nature meſmes, ou humide radical.

lutif, mondificatif, diuretique, diaphoretique, &c.

En ceſte façon la nature confortée par διαπήδησιν ou inſenſible tranſpiration, a couſtume de ſe deſcharger par hemorrhagie, ou de ſon propre mouuement au grand contentement & ſoulas du malade.

Sel des perles Orientalles.

ON a recherché ſouuent des inuentions pour diſſoudre les perles Orientalles, comme par l'eſprit de vitriol, par l'eſprit de gayac rectifié, par eau de langouſtes ou ſauterelles, & par eau de ieune cheſne; toutesfois la meilleure & plus aſſeurée eſt par le moyen du vinaigre diſtillé.

Apres la ſolution il faut retirer le vinaigre, à fin de rendre le ſel ſec, & l'attraction ſe peut faire par le filtre ou autrement. Or pour auoir ton ſel fort bon, il faut proceder en ceſte façon: aye eau de pluye diſtillée, ou rosée de May cueillie ſur le froment, & apres filtrée, deſquelles tu laueras bien ton ſel, puis l'euaporeras, continuant cela cinq ou ſix fois, auras le ſel de perles, comme tu le deſires, & blanc comme neige.

Les forces & vſage du ſel des perles.

Ce ſel de perles eſt vn cordial tres-noble, lequel va preſque du pair auec l'or potable.

Il eſt ſouuerain pour les contractures, reſolutions de nerfs, conuulſions & phreneſies.

Il conſerue le corps en ſa ſanté, & remet en eſtat celuy qui a paty quelque douleur.

Il corrige le laict des femmes, & augmente la ſemence de l'vn & de l'autre ſexe.

Il ſert pour la confortation du cerueau, ayde à la memoire, & corrobore le cœur donné auec eaux de canelle, borage, bugloſſe, ou ſaulge.

Il guerit l'apoplexie & chaſſe le vertigo, ou tournement de teſte.

Il deſſeiche & conſomme les mauuaiſes humeurs qui ſont au corps, deſquelles les gouttes, douleurs de joinctures, fieures, & autres maladies ont couſtume de prendre leur origine.

Il trauaille preſque miraculeuſement contre les vlceres, douleurs de poulmons, ſeichereſſe, pourriture des playes, & extenuation de vieilleſſe.

On en peut librement vſer en l'hydropiſie, pour la confortation des precedents generaux.

Il eſt tres-vtille pour le calcul.

Il renouuelle, augmente, & confirme l'humide radical, & taſche d'empeſcher la debilitation de la vieilleſſe.

C'eſt vn remede aſſeuré contre la paralyſie, en vſant deux fois la ſemaine dans la maluoiſie le poids de dix grains à chaſque fois.

Il appaiſe les douleurs venereiques, ſi (durant ſeize iours conſecutifs) on en prend dix grains chaſque iour.

C'eſt vn ſingulier remede contre l'epilepſie,

vſant d'iceluy le ſoir & matin l'eſpace de ſix ſemaines.

C'eſt vn preſeruatif contre la goutte, ſi on en continue durant dix iours, tout de ſuitte, la peſanteur de dix grains à chaſque prinſe.

Il fortifie l'humeur vital tant interne, qu'externe, en quel qu'il ſoit des membres corporels.

Il eſt tres-bon contre les friſſons, tremblement & battement de cœur, comme auſſi contre la folie donné auec eau de canelle.

Il eſt doüé d'vne vertu particuliere, car il conforte l'enfant dans le ventre de la mere.

La doſe du ſel de perles.

Outre l'admiration de ſes vertus, il faut ſçauoir la doſe, d'autant que c'eſt comme le timon qui gouuerne le nauire.

La doſe donc dudit ſel eſt pour l'ordinaire de dix à douze, quinze grains, iuſques à vn ſcrupulle entier dans des eaux conuenables. Il eſt permis à qui voudra de le donner auec la roſée de May cueillie ſur le froment.

Herbes & fleurs iettans en la diſtillation des gouttes iaunes.

On le peut encor donner en eau de petite roſée, ou roſée du Soleil, laquelle diſtillée ſort iaune comme ſaffran ; ou auec le ſuc des fleurs du Verbaſcum, c'eſt le boüillon que les Apoticaires appellent *lapſus barbatus*, il faut que ces fleurs ſoit diſtillées par le roſaire.

Il eſt icy beſoin d'vne remarque, car ſi les perles ont eſté reſoutes par le vinaigre bonn diſtillé, & qu'elles ayent eſté adoucies dans vne eaue durant leur temps (comme i'ay dict cy-dessus) elles se mettent en liqueur, laquelle mise dans eau de vie l'espoississent comme vray beurre ; & en faut seulement mettre quelques gouttes.

Sel de corail.

LE sel de corail doit estre purifié de mesme façon que celuy des coquilles qui portent les perles, ou que les yeux d'escriuisse & autres pierres crousteuses & escailleuses. Tous ces sels se resoluent aux mois de Iuin, Iuillet, & Aoust dans des caues fraisches, sur des porphires ou marbres, ou bien tables de verre, car alors ils sont plus frais à cause de lantiperistase de la caue ; & ie ne pense pas qu'on y puisse arriuer en autre temps qu'en celuy que i'ay dict.

Personne n'a encor peu voir la vraye & essentielle teincture du corail ; car celle que plusieurs croyent estre la meilleure & vraye, laquelle se faict auec l'infusion d'eau de miel, est plustost la teincture du miel que du corail. Il y a beaucoup de dissoluants, lesquels (s'ils demeurent quelque temps en digestion) rougissent de leur propre mouuement, comme il appert de l'esprit de Terebenthine souuent rectifié ; & par ce moyen ceux-la qui le vendent trompent ceux qui ne sont pas bien aduisez ; d'autant qu'ils croyent auoir la teincture de la chose dissoute, & n'ont rien que le dissoluant. L'esprit mesme de vin versé sur le sel de corail, quoy qu'en digestion il deuienne rouge, n'aquiert pas neantmoins la vraye rougeur. Il y en a qui diſſoluent le corail dans l'eſprit du ſel, mettant l'eſprit de vin bien rectifié ſur la ſolution, lequel eſprit ils diſent attirer la teincture nageant par deſſus, & qu'il ſe peut par apres remettre par ſeparation au bain auec l'entonnoir.

L'vſage & les forces du ſel de corail.

Comme les coraux croiſſent merueilleuſement, ainſi leurs myſteres, ſecrets, & effets ſont admirables; car comme (ſelon Paracelſe) les coraux luiſants & entiers ſont tres-excellents contre la fantaſie, contre les phantoſmes, ſpectres, melancholie, & lycantropie; de meſme leur ſel en vſage de medecine a des vertus toutes particulieres & admirables en ces effets.

I. La premiere vertu du ſel de corail, c'eſt que naturellement il mondifie & renouuelle le ſang, tellement qu'il reſtitue la vigueur perdue, & redonne la priſtine ſanté au corps qu'il a perdue par corruption de ſang, & c'eſt en brief que les effets le font paroiſtre.

II. Il arreſte le ſang menſtruel intemperé des femmes, pourueu qu'on le donne auec eau de plantain.

III. Il arreſte tout flux de ventre, comme auſſi tous flux de ſang, & euacuation d'hemorroides. Et pour la mondification & renouuellement du ſang, il doit eſtre donné en eau de fumeterre ou de cichorée.

IV. Il arreſte les putrefactions, renforce le cœur, & les eſprits vitaux, & les deffend contre le venin.

Il

Il conforte & corrobore l'estomach, & la chaleur naturelle. V.

Il oste toutes les obstructions des principal-les parties comme du foye, poulmõs, reins, &c. VI.

Il a ceste vertu particuliere de dissoudre le sang qui est congellé ou coagulé. VII.

Il faict des merueilles en la suffocation de matrice trop vehemente, outre plus aux superfluitez des mois, donné auec eau d'artemise, melisse, ou pulegium. VIII.

Il sert pour l'hydropisie, spasme, paralysie, & epilepsie, continuant d'en prendre en eau de canelle. IX.

Il faict des merueilles contre le calcul donné en eau d'arreste-bœuf. X.

La dose du sel de corail.

La dose ordinaire du sel de corail doit estre de six à dix grains, pour les ieunes gens; pour ceux qui sont plus aagez d'vn scrupulle à deux selon le iugement du sage Medecin.

Il se peut donner dans vn œuf mollet, au lieu & place du sel commun qu'on y met; dans du boüillon aussi, dans du vin bon & fort, dans eau de canelle; outre qu'on en peut librement faire des tablettes.

Ses forces & son vsage externe.

Il guerit les vlceres vieux & malins.

Les liqueurs des pierres precieuses, comme Rubis, Grenats, Hyacinthes, Topases, Amathy-

tes, Cryſtal & cailloux, ſe preparent en ceſte façon.

POur auoir ceſte liqueur, il faut premierement bruſler trois ou quatre fois leſdites pierres miſes en poudre; la bruſlure ſe faict ainſi; prens ſoulphre vif, mets le dans vn creuſet auec la poudre ſuſdite; & couure ton creuſet tout incontinent. Ceſte calcination ſe faict au feu de la roüe; ſur la fin couure ton creuſet auec des charbons, ſi bien que le feu y ſoit de tous coſtez, car par ce moyen le ſoulphre ſe nettoye & purifie; les feces qui ſont au fonds, doiuent eſtre broyées & meſlées auec autant de ſel nitre purifié; cela faict il faut calciner leſdites feces dans vn pot couuert au feu de la roüe, à fin qu'elles ſe rendent liquides; le ſel deſdites feces doit eſtre laué auec eau chaude à cauſe de ſa corroſion, & puis incontinent adoucy; quoy faict auras en main du menſtrue Terebenthine lequel verſeras dedans ta matiere, le remuant diligemment, à fin qu'il ne s'endurciſſe & conuertiſſe en pierre; & par ce moyen ton faict ſe reſoudra à ton contentement. Quant au menſtrue, il ſe doit tirer apres par l'alembic, à fin de n'auoir point de difficulté à la dulcification du ſel qui reſte au fonds, laquelle ſe faict auec eau diſtillée, laquelle il faut apres retirer par euaporation, ou par le filtre; reïterant cela deux ou trois fois, auras ton ſel, lequel ſe reſoudra en liqueur, eſtant mis dans vne caue humide, ſur vn marbre, aux mois ſuſdits. On peut bruſler encor vne autre fois

les

les feces qui sont demeurées au fonds (ayant extraict tout ce que l'on à peu par le moyen du menstrue)& c'est de la façon que dessus, y mettant seulement du nouueau soulphre.

Sçauoir si le vinaigre radical (Terebenthiné, selon Eusere) est le menstrue de toutes les pierres dures.

LA COMPOSITION.

PRens par exemple deux ou trois liures de terebenthine, & les verse dans deux liures de vinaigre distillé; ces choses ainsi meslangées seront distillées selon l'art, au sable, obseruant les degrez du feu, iusques à ce que le vinaigre soit sorty auec l'esprit de terebenthine; alors que tu verras qu'il ne sortira que bien peu d'esprit, c'est signe qu'il faut augmenter le feu, à fin que l'huille sorte, lequel cognoistras à cause de sa couleur iaune. Quant à l'eau qui sort auec l'huille, elle est rouge & tres-aigre; continue ta distillation iusques à ce que l'huille commencera de sortir rouge, & alors cesseras. Les separations se feront dans l'entonnoir de verre, souuiens-toy aussi de separer le vinaigre à cause qu'il doit estre rectifié auec le gingembre.

Il faut auoir quantité de vinaigre distillé, car en mesme temps on peut dissoudre toutes les pierres que Paracelse attribue à la curation du calcul, lesquelles y font de grands effets, comme nous dirons cy-apres.

Huille de canelle.

L'Huille de canelle preparé comme il faut, merite d'estre mis au rang des plus admirables confortatifs Spagyriques.

Et quoy que chasque Chymique le tire facillement; neantmoins ie veux donner cest aduis particulier, c'est que iamais il ne faut pulueriser les dromatiques pour les distiller (comme font quelques vns) ains les faut seulement casser ou mettre en lingots; car par ce moyen on a d'auantage d'huille; chose que i'ay bien experimenté.

Autre moyen pour auoir encor d'auantage d'huille, qu'à la façon ordinaire de distiller.

Ayant rompu la canelle (i'entens canelle choisie ou autre aromatique que ce soit) mets-la dans la retorte, la distillant au bain vaporeux, & l'eau sortira ensemble auec l'huille. La distillation faicte, remets l'eau sur nouueau bois de canelle, & la redistille, continuant quelquesfois: & en ceste façon tu auras vne bonne quantité d'eau & d'huille. Pour les feces du fonds, elles seront tellement noires & seches, qu'elles ressembleront du charbon.

Ses vertus & vsages.

Cest huille conforte tous les principaux membres du corps & principallement le ventricule froid, le cœur, & le cerueau; il dechasse la la mauuaise senteur du soufle, & le rend suaue & aggreable.

Il correspond tout à faict au baulme naturel (ce que faict aussi l'huille de geroffle) & empesche la putrefaction interne ; quant à l'exterieur il consolide toutes les playes, & vlceres recentes.

Il oste la toux froide, & arreste la douleur de teste.

Il resiouït le cœur, & conforte tous les membres, en faisant inonction dessus.

Outre-ce, il prouoque les mois, & ayde à l'enfantement.

En fin c'est vn singulier remede, & tres-excellent pour les syncopes & deffauts d'esprit. L'essence du saffran tirée auec eau de vigne, n'est pas de moindre vertu ; car c'est le plus admirable medicament que iamais la nature aye inuenté pour ceux qui se sont tellement laissé gagner à la tristesse, qu'il semble n'y auoir aucune esperance pour leur guerison.

La dose.

La dose ne doit estre que de deux, ou trois gouttes dans du vin, ou dans d'eau de melisse, ou dans quelqu'autre eau specifique.

Par ceste voye tu pourras tirer l'huille de tous les aromatiques comme geroffle, muscade, macer, &c. lesquels seront beaucoup meilleurs, & plus subtils. Mais si tu te veux seruir desdits huilles en faict de medecine, il te faut prendre garde de n'en point donner aux femmes enceintes, où ne leur en donner qu'vne goutte pour le plus.

Pour ce qui est de l'huille de canelle, il est plus propre en Hyuer que non pas en Esté.

Quelques-vns ont tiré l'essence colorée de la chaux de l'or fort dextrement auec ces huilles aromatiques, de laquelle les Medecins en ont reçeu du contentement, & les malades du soulas.

Elixir des proprietez de Paracelse.

Prens Myrrhe d'Alexandrie.
Aloës Hepatique.
Saffran Oriental ana quatre onces.

Puluerise bien ces choses ensemble, & les mets par apres dans vn verre, les humectant de bon esprit de vin Alcoholisé : cela faict y faut adjouster d'huille de soulphre rectifié, & faict par la cloche. Ie dis neantmoins en passant que pour auoir plus grande quantité d'huille de soulphre, il le faut distiller en temps de pluye, ayant choisi du plus iaune ou grisastre. Il faut que ledit huille surnage le reste à l'eminence de trois ou quatre doigts, & incontinent tu mettras le tout en digestion l'espace de deux iours entiers, le circulát souuent, & la teincture ne manque point à se faire, laquelle il faut separer par inclination. Quant à la matiere qui reste au fonds, elle doit estre par apres arrousée auec bon esprit de vin, & laissée en digestion l'espace de deux mois, la circulant tous les iours, à fin qu'elle rende toute sa teincture, laquel laquelle sera par toy retirée & meslée auec la premiere pour la distiller lentement. Les feces doiuent aussi estre distillées, & ce qui en sort le premier, meslé à la premiere teincture, & par ce moyen il ne sentira pas si fort le feu qu'à l'ordinaire façon de distiller.

Il faut diligemment prendre garde d'arrouser la matiere auec l'esprit de vin, à fin qu'elle se puisse mettre en paste; outre ce, faut y mettre d'huille de soulphre; car sans iceluy toute la matiere se bruslera & deuiendra noire comme charbon, ce que Paracelse a caché fort dextrement.

Ses forces & son vsage.

C'est le baulme des anciens, selon le rapport de Paracelse, eschauffant les parties foibles, & ainsi les conseruant de putrefaction.

C'est en fin vn Elixir tres-parfaict, car en luy sont toutes les vertus du baulme naturel auec la vertu conseruatrice, principallement pour ceux que l'aage a amenez iusques à la cinquantiesme, ou soixantiesme année.

Il faict des merueilles aux affections de l'estomach & des poulmons.

Contre la peste, & air enuenimé.

Il chasse les humeurs diuerses du ventricule.

Il conforte l'estomach & les intestins; & les preserue & exempte de douleur.

Il mondifie la poictrine, & soulage les hetiques, Catarreux, & ceux qui sont oppressez de la toux.

Il n'est pas moins proffitable au refroidissement de la teste, & de l'estomach.

Il guerit de l'hemicranie, ou migraine, comme faict aussi des enlourdements qui arriuent souuent aux personnes debilles.

Il proffite asseurement à la chassie des yeux.

Il conforte le cœur & la memoire.

Il allege les douleurs des flancs & costez, & peu à peu la desmangeaison qui souuent arriue au corps.

Il rompt le calcul des reins.

Guerit de la fieure quarte.

Il preserue de la paralysie & goutte.

Il subtilise & espure l'entendement & tous les autres sens naturels.

Il chasse la melancholie & amene la ioye.

Il resiste à la vieillesse, & empesche que l'homme ne deuienne si tost chesnu, & decrepite.

Il prolonge la vie, qui par desbauches de boire & manger excessiuement auroit esté racourcie.

Il guerit les playes & vlceres internes en peu de temps.

En fin toutes les infirmitez tant chaudes que froides (par vne certaine proprieté occulte & vertu) reçoiuent asseurément la santé desirée.

La dose dudit sel liquide.

La dose est despuis six à dix & douze gouttes, selon la necessité du malade, iettées dans le vin, ou eaux conuenables.

Les baulmes confortatifs rendus solides par le moyen de la cire.

D'autant que les huilles aromatiques, liquides, ne se peuuent porter de crainte du versement, ou fracture du verre ; les Chymistes ont inuenté vn moyen fort asseuré pour les pouuoir plus commodement porter, soit en boistes d'estain plomb, argent, ou fer blanc.

Or pour les faire ce sera assez d'en auoir donné le contentement aux curieux ; le meilleur c'est d'y mettre la cire blanche cuitte en eau rose.

L'ordinaire application c'est aux narines, aux temples, au col, & à l'estomach.

Anodyn mitigatif & dormitif.

IL y a beaucoup de maladies lesquelles ne se peuuent guerir sans anodyns ; doncques en toutes les cures des maladies lesquelles donnent des grandes douleurs, on peut vser des anodyns intrinseques & appropriez ; à fin que le repos, amy de la nature, soit redonné, ayant chassé les racines pernicieuses des symptosmes.

En faict de medecine, le sommeil est vn secret surpassant toutes les forces des pierres precieuses ; & celuy qui peut commodément appliquer vn dormitoire, tiré d'vne vraye essence, merite d'estre appellé bon Medecin, lors que les maladies ennemies du sommeil resueillent coup sur coup le patient qui repose.

Le Laudanum tres-renommé de Paracelse.

Pour faire cest admirable medicament, il faut premierement prendre

Opium Thebaique trois onces.
Suc de iusquiame cueilly en temps conuenable, l'ayant au preallable faict espoissir au Soleil vne once & demy.
Especes de compositions d'ambre & de musch dispensez fidellement ana deux onces & demy.
Mumie d'outre-mer demy once.
Sel de perles.
Sel de corail ana deux drachmes.
Liqueur de succinum blanc tiré par l'esprit de vin.
Os de cœur de cerf ana vne drachme.
Lapis Besouard.
Corne de Licorne de l'animal, ou du mineral ana vne drachme.
Musch.
Ambre ana vn scrupulle.

Au defaut de l'or potable redouble sans mixtion de corrosif.

huilles { D'anis.
De carni.
D'orenges.
De noix muscades.
De geroffle.
De canelle.
Du succin ana douze gouttes.

De

De toutes ces choſes il en faut faire vne maſſe, ſelon l'art Chymique, de laquelle on puiſſe faire des pillules pour s'en ſeruir au beſoin.

Obſeruations à la preparation du Laudanum.

Prens les racines & eſcorçe de iuſquiame recentes & ieunes (ayant tiré le corps du milieu) cueillies, le Soleil & la Lune eſtant au ſigne du Belier, ou de la Balance, & c'eſt auant que la Lune ſoit à ſon plein : il y en a qui les cueillent à la meſme heure, & moment que la Lune entre en ces ſignes. Ce ſuc exprimé, eſcumé & filtré, eſtant mis en vn lieu chaud s'eſpoiſſit comme miel, & s'endurcit au Soleil: dudit ſuc, on peut tirer la teincture auec l'eſprit de vin. Alors la plus grande force & premiere ſubſtance de l'eſprit de l'herbe y eſt encor comme concentré.

Il faut purger l'opium en liqueur d'hyſſope, ou eau diſtillée, comme l'on a couſtume de faire auec l'aloës, laquelle il faut tirer apres auec l'eſprit de vin.

Le ſuc de iuſquiame & de l'opium doiuent auoir ietté leur ſoulphre & venin nuiſible auãt qu'eſtre meſlez auec les autres ; & c'eſt ce qui monte ſur la ſuperficie en forme d'eſcume; car ſi l'opium & iuſquiame ne ſont mondez & eſpurez de leur ſoulphre venimeux, ils cauſeront vne grande diuerſité des ſymptoſmes : choſe qui n'a encor eſté remarquée d'autre perſonne; ce qu'eſt la cauſe que ie t'en ay voulu donner aduis, à fin que tu t'en donnaſſes de garde.

Il faut faire extraction des choses qui la demandent auec l'esprit de vin, & d'autant plus long-temps elles demeureront en digestion ensemble, d'autant plus elles auront de force pour l'operation.

Il faut laisser l'ambre, & le musch; desloirs qu'on s'en veut seruir pour la suffocation de matrice aux femmes; ou bien il y faut adjouster quelques grains du castoreum, iusques à vne dose,& puis le leur faire prendre.

Les feces de l'opium, iusquiame especes d'ambre,&c.doiuent estre calcinées apres l'extraction de la teincture; & d'icelles le sel doit estre tiré chymiquement, & puis meslé auec la composition sur la fin, & non au commencement.

Il faut derechef tirer l'esprit de vin de toutes les extractions qui ont esté faictes auec iceluy: mais il faut attendre qu'elles ayent demeuré deux mois entiers en digestion: ladite derniere extraction se doit faire au bain iusques à la consistence du miel; c'est à dire, que ce qui sera de reste au fonds, demeure espois comme miel:& alors il faudra mesler les poudres du sel de perles,corail, mumie, pierre Besoard, corne de Licorne, os de cœur de Cerf, musch & ambre.Mais parce que difficillement les huilles distillez se peuuent mesler auec l'extraict, on y iette quelques gouttes d'esprit de vin,lequel les facillite au meslange & incorporation de toute la composition, laquelle apres doit estre mise en digestion dans l'alembic borgne durant l'espace d'vn mois entier; &

c'est

c'est sur les cendres chaudes tant seulement, d'où elle en reçoit plus grande force & viuacité pour l'operation.

Electuaire du Laudanum.

Prens pour faire cest electuaire comme il s'appartient.

Opium.

Suc de racines de iusquiame lequel soit essentifié ana vne once.

Essence de racine de mandragore extraicte auec l'esprit de vin six drachmes.

Especes d'ambre sans musch, & ambre preparé quatre onces.

Sel de perles.

Sel de corail ana deux drachmes.

Carabé.

Mumie d'outre-mer ana quatre scrupulles.

Saffrant de Leuant deux scrupulles.

Corne de Licorne vn scrupulle.

Terre sigillée vne drachme.

Miel bien escumé douze onces.

Il faut dissoudre l'essence d'opium & iusquiame (que si par hasard elle est trop liquide, il faut que l'esprit de vin l'euapore au feu lent) sur le feu auec miel ; & apres qu'elle sera bien meslée, adiouste-y le sel de perles & coraux, & apres consecutiuement toutes les poudres bien pilées & broyées, sçauoir le Carabé, ou Mumie, Saffran, Corne de Licorne, terre sigillée, & especes d'ambre, les arrousant tiedement, & meslant en façon d'electuaire.

Les forces & vsage de l'Electuaire du Laudanum.

Ce Laudanum en Electuaire est vn medicament qui merite de porter le nom de *Laudanum*, veu qu'il luy correspond entierement.

C'est vne merueille que quelques Medecineaux (s'il est permis de parler en ceste façon) deffendent l'Opium en breuuage & dans le corps, ignorans que le Laudanum auec l'Opium n'a aucun venin, moins encore d'impureté. Ie ne veux pas mettre en ligne de compte, l'admirable vertu des corrigants qui y entrent, veu qu'il ne se peut quasi dire en combien de compositions entre l'Opium & Iusquiame, comme du

- Philonio Romano.
- Persico.
- Athanasia magna.
- Aurea Alexandrina.
- Nicolai.
- Triphera.
- Theriaca.
- Mithridat Andromachi.
- Trochisques d'Alkekengi.
- Pillules de Cynoglossa, ou langue de chien.

Ce particulier & specifique Anodin εὕρημα πρὸς πάσας παθῶν ὀδύνας, est le dernier refuge.

En toutes les douleurs aiguës, froides, & chaudes; tant internes, qu'externes; lors que les hommes meurent quasi par la grande vehemen hemence ; comme de la collique, nephrisie, pleuresie, goutte & semblables, mis en eau de menthe, rend le ventre fort libre & appaise les douleurs.

Pour arrester toutes les defluxions d'humeurs & catharrhes prouenants de matiere menuë & subtille, principallement au commencement il faict des merueilles.

Il faict le mesme pour tous les flux de ventre (soit qu'ils prouiennent à raison des humeurs corrompues, & picquantes ; ou soit qu'ils arriuent à raison des humeurs qui se purgent) pourueu qu'on le donne auec le Mastich ou terre sigillée.

Il est admirable pour les veilles, ou inquietudes excessiues tant internes qu'externes : si c'est pour celles qui procedent de cause externe, il en faut donner despuis quatre à six grains, meslez & incorporez auec trois gouttes d'huille de muscade ; ou bien exprime vn peu d'huille de muscade, & faisant apres vne tente de lin, la moüilleras auec ledit huille, auquel sera l'electuaire : puis mettras ladite tente dans les narines, & verras que cela fera venir le sommeil fort doux & aggreable. Que si le malade dort trop, on peut oster la tente & s'esueillera. En ceste façon i'ay guery vne hemorrhagie ou flux de sang, par le nez, duquel on n'attendoit aucun secours ; & ç'a esté formant deux pillules de seize grains chascune, & puis les mettant dans les narines du patient.

Pour toutes fieures il se rend recommandable meslé auec eau d'absynthe & rue, lesquelles eaux,ont vn pouuoir particulier pour chasser les fieures : si la chaleur dure trop longtemps, il faut reïterer la dose quatre heures apres. Aux fieures tres-ardentes il arreste la soif, & ameine le sommeil, principallement lors que les fieures excitent des veilles laborieuses & fascheuses, à cause de l'interruption du sommeil.

Si les Asthmatiques & Phtisiques en vsent auec eau d'hyssope, ils peuuent estre longtemps conseruez par luy.

Il se faut donner de garde qu'on ne le donne pas pour la toux, les forces estant desia debilitées,ou la poitrine chargée de trop grande quantité d'excrements ; car combien qu'il modere la toux,& excite à sommeil, toutesfois il augmente la douleur de l'estomach. C'est pourquoy le meilleur est d'en donner moins pour la toux, & y mesler des attenuants & detergeants,comme l'Oxymel,ou miel de Marrube. On en peut principallement donner lors que ce qui deflue est subtil & acre, veu que (si la matiere est telle) on ne sçauroit apporter aucun dommage au patient, luy donnant vn tel antidote ; car les choses qui sont subtilles, peuuent(aydées par sa faueur) se rendre vn peu crasses & temperées, & donnent fin aux douleurs qui en prouiennent ; toutesfois pour la trop grande toux on y adjouste la gomme Tragacanth.

Il conserue la chaleur naturelle, corrobore les esprits,& repare les forces,principallement lors qu'il y a du musch.

Il eſt d'vne force incomparable contre les affections melancholiques, leſquelles rendent l'homme triſte outre meſure ; & eſt tres-bon pour ceux qui ſont ſubiects aux douleurs d'eſtomach.

On en vſe heureuſement pour le vomiſſement, pour les ſanglots, & pour la debilitation du ventriculle.

Il ſert pour l'hemorrhagie, & trop grande perte de ſang menſtrual; eſtant meſlé auec le crocus Martis & coraux rouges.

En la phreneſie, folie, autrement manie, prins par le dedans, ou appliqué par le dehors aux temples, meſlé auec eau de vie il faict fort bien.

Il ne proffite pas moins aux epileptiques meſlé auec eſprit de vitriol, ou eſſence de Camphre, ou encor auec huille d'amandes-douces.

La doſe.

La doſe eſt deſpuis deux grains, à quatre. Que ſi le ventre eſt libre, alors il a plus d'efficace pour monſtrer les effets de ſa force & vertu. Il ſe donne encor auec eaux appropriées, & ſpecifiques, & ſe meſle auec elles, ſelon les ſept membres principaux, ou la qualité de la maladie; mais ſi la maladie eſt vehemente, on en peut faire vne pillule, & la donner enuiron la nuict, pourueu que le malade ayt ſoupé quelque temps auant; ſur la minuict on en peut donner vne autre; & le matin la tierce, & par ce moyen la ſanté eſt redonnée.

L'vsage de l'Electuaire est de mesme, si ce n'est qu'on augmente la dose; car on en peut donner despuis vne drachme iusques à vne & demy, en liqueur appropriée, ou en vin, ou en eau de canelle. On ne doit aucunement craindre d'en donner aux petits enfans.

Odoriferent.

C'est hors de doute que la nature, & les esprits se plaisent grandement aux odeurs; ce que remarque fort bie͂ Philagrius chez Aëtius lors qu'il dict: *Naturam odore grata lubenter amplecti, & inde recreatam ac quasi reuiuiscentem vires suas à morbi ferocia pressas reuocare*: car l'odeur tiré par les narines s'en va droict au cœur, & au cerueau; & excite l'esprit qui estoit pressé, & quasi suffoqué, & retient celuy qui est haletant & presque fugitif. Mesmes y a des regions chaudes ausquelles (selon que rapporte Pline) les * Asthomes viuent seulement des odeurs. Et de faict l'air à beaucoup de pouuoir sur la santé: car celuy qui est punais & corrompu est de fort difficille guerison en qu'elle maladie que ce soit, d'autant que les mauuaises odeurs s'espandent par tout le corps, & se meslent auec les esprits, principallement au cerueau; & à la poitrine. Baptiste a Porta dict, que par la faueur des Elixir de vie composez de plusieurs aromatiques, il a souuent & en diuerses personnes retenu l'ame qui desia estoit au bout des leures. Il faut doncques corriger & rectifier les esprits vitaux en plusieurs maladies,

* Sont gens qui n'ōt point de bouche.

ladies, car les principaux mẽbres, & les esprits vitaux (molestez par quelque venin) sont librement remis par les odeurs, & les fumées veneneuses chassées; parce qu'il faut que l'esprit soit recreé par vn autre esprit, lequel n'est que l'odeur; & de faict les odeurs sont douces & aggreables à nos esprits, ayant quelque analogie auec iceux. L'experience nous le monstre fort bien, car lors que nous sentons quelque mauuaise odeur, nous fermõs les narines, & retenõs nostre souffle, à fin de n'humer pas ceste puante odeur, par laquelle nous sommes à l'instant debilitez & affoiblis, & ressentons des conuulsions & deffauts de cœur; pour ausquels remedier, il n'est besoin que de flairer quelque odeur aggreable, laquelle nous remet incontinent, nous redonnant nos premieres forces. D'ailleurs nous voyons la resiouïssance que naturellement la matrice reçoit, odorant quelque souëfue senteur; les femmes en peuuent donner asseurément leur tesmoignage, car à l'instant elles la sentent comme trepiquer de ioye, s'esleuant & abbaissant de moment en moment.

Chascun desire son semblable.

De mesme (selon le rapport de Conradin au liure qu'il a faict de *Febri Vngarica*, où il descrit les chandelles & eaux odoriferentes) la bonne odeur sert, non seulement pour la peste, ains pour la fieure Hongarique & autres semblables maladies veneneuses, d'autant que les esprits qui sont infectez par l'attraction d'vn air puant & corrompu, sont remis en leur premier temperament par l'humectation d'vn

Le contraire est guery par son contraire.

air parfumé de bonne odeur tout contraire au precedent.

Paracelse semble nous vouloir donner vne composition pour faire c'est specifique odoriferent ; toutesfois ie ne te conseille pas de le suiure, car tu y perdrois ton temps & ta peine aussi bien que moy , d'autant que la ciuette gommée par le Tragacanth & mise en digestion ne donne aucune bonne odeur.

Or donc pour le bien faire suit ceste composition, & prens

Macis.
Geroffle.
Canelle triée ana deux drachmes.
Ambre gris vne drachme.
Musch demy drachme.
Ciuette deux drachmes.
Gomme Arabique vne drachme.
Gomme Tragacanth seichée en vne fournaise deux drachmes.

Broye bien ces deux dernieres gommes, auec le musch, & apres mesle-les auec la Ciuette; & sur ceste mixtion jette d'eau Naffre tres-bonne, ou d'eau de Damas à ta discretiõ, pourueu qu'elle soit preparée auec les specifiques odoriferents, & eau de rose, dans laquelle, auparauant tu auras meslé & mis en digestion l'espace de huict iours, vn peu de carbon de Paracelse, ou de Ciuette Occidentalle. Ceste eau (estant coulée par le tamis de soye) doit estre jettée sur la mixtion des susdites gommes, auec le musch & la Ciuette, l'agitant autant.

tant qu'il eſt neceſſaire pour l'incorporation de la maſſe, laquelle tu mettras apres en forme d'vne pomme, ou d'vn cœur, ou d'vn eſcuſſon, la laiſſant endurcir dans vn verre ſans digeſtion.

Autre façon pour le preparer.

Prens eaux
- De roſmarin.
- De lis blanc.
- De baſilic.
- De roſes.
- De marjollaine.
- De ſpica nardi.
- De lauende ana vn demy quarteron.

Pour humecter le Macis, Geroffle, & Canelle, de chaſcun deux drachmes, il faut auoir reduict les aromatiques en poudre tres-ſubtille, & la paſſer par le tamis; à laquelle poudre tu pourras adjouſter vne demy once d'Ambregris puluerisé, & deux drachmes de muſch d'Alexandrie, vne once de Ciuette. Le tout bien meſlé, adjouſte-y deux drachmes de gomme Arabique miſe en poudre, & quatre drachmes de gomme Tragacanth. Or cela doit apres eſtre agité fort & ferme; ayant faict ton agitation, laiſſe-le tout enſemble l'eſpace d'vne nuict, ou iuſques à ce qu'il ſoit bien incorporé: quoy faict tu en feras de petites tablettes, comme il te plaira, leſquelles feras bien & promptement ſecher en quelque poiſle, ou autre lieu chaud, & les conſerueras pour ton vſage

Les vertus & vsage de l'Odoriferent.

Ne plus ne moins que la Ciuette par son odeur chasse les excrements, de mesme ce specifique odoriferent chasse la maladie des corps infectez ; & comme en la composition du Theriaque on mesle le Tyrus, à fin qu'il donne libre penetration à la force des autres ingrediens, pour les plus principaux membres; de mesme le Carbon de Paracelse, duquel l'odeur facheuse (quoy que par la digestion se rende doux & aggreable comme ie l'ay esprouué) penetre plustost, que toutes les operations du lys, comme dispute & soustient fort bien Theophraste.

L'vsage de ce specifique odoriferent est lors que les medicaments ne peuuent estre introduits dans le corps, comme en l'apoplexie, & epilepsie. Beaucoup des Medecins se seruent de telles odeurs, non pas que de là seulemẽt la maladie soit guerie en effect: mais neantmoins il prepare le chemin; car par la vertu de l'odeur communiquée au corps, le sang s'esmeut, & le cœur se fortifie d'auantage ; il est donc propre pour

L'apoplexie.
Epilepsie.
Collique.
Suffocation de matrice.
Pour le temps de peste.

En fin il rend les hommes plus prompts & habilles à l'acte Venerien.

Il doit estre meslé auec huille de noisettes, à fin

à fin qu'il ſe puiſſe mettre comme en liniment, lequel donné à propos faict des meruellles pour les ſuſdites maladies.

Medicament ſpecifique pour les ſept membres principaux.

PAracelſe dict en vn certain paſſage qu'il faut conſeruer les principaux membres pour euiter la mort;c'eſt la verité qu'il eſt hors de doute que pour guerir la maladie il faut conſeruer les membres principaux : car ſi tu veux conſeruer ta vie , il faut que tu tiennes non ſeulement le cœur à ſon eſtre , ains encor le cerueau, le foye , les poulmons, la ratte, les reins,& le fiel ; Car combien que le cœur ſoit le centre,& la racine de tout le corps , toutesfois quel qui ſoit de ces principaux membres, qui ayt enduré ſolution de continuité, il traiſne quant & quant la mort apres.

Or donc pour faire ce medicament ſpecifique,il faut prendre :

Huille de ſuccin.
Vray eſprit de vitriol.
Sel de crane humain ana demy once.
Teincture de ſaffran du leuant.
Grains d'Alkermes ana deux drachmes.
Sel de perles.
Sel de corail ana vne once.
Huille de canelle.
Huille de Macer ana demy drachme.
Laict de ſoulphre vne once.
Extraict de Spodium vne once & demy.

Magiſte

Magisterium de tartre vne once.
Antimoine diaphoretique demy once.
Teincture du Crocus Martis.
Chelidoine.
Rheubarbe ana demy once.
Liqueur de crystal.
Calcul de Microcosme ana vne once.

Le tout soit reduit en iuste consistence d'Electuaire auec l'essence du Theriaque extraicte & espoissie auec le miel de geneure, & conserue de roses ; y adioustant sucre rosat à ta discretion, de Musch & Ambre de chascun vne drachme.

A cause de la sympathie du ventriculle auec les autres membres, il y faut encor adiouster deux drachmes d'huille de vitriol de Venus, auec vne demy drachme d'huille de noisettes distillé.

L'vsage & la dose du medicament specifique.

L'vsage de ce medicament doit estre aux maladies desesperées, incogneuës au Medecin, & au malade.

Et d'autant qu'en toutes les maladies internes, l'vn de ces sept susdits membres principaux (sinon plus) est malade ; il peut asseurément estre donné en toute sorte de maladies : car sans la conseruation des membres principaux desia atteints, il est impossible de donner la santé desirée.

Ce n'est pas tout d'auoir donné son vsage si l'on

l'on n'enſeigne la doſe, à fin de marcher aſſeurément.

La doſe donc doit eſtre de cinq à dix grains, dans le vin ou eau de chardon benist, ou autre eau appropriée; ſelon la neceſſité des ſept membres principaux ou de celuy qui eſt offencé, ſi on en a la cognoiſſance.

Specifique capital.

Paracelſe attribue beaucoup de vertus à la legereté de l'eſprit de vitriol pour guerir de l'epilepſie; toutesfois iamais aucun des Chymiques duquel i'aye eu la cognoiſſance ne m'en a peu monſtrer aſſeurément les effets. Et de faict iamais perſonne ne m'a aſſeuré qu'auec le vitriol preparé il aye guery de ceſte maladie; neantmoins i'ay recogneu par experience que l'eſprit de vitriol, duquel ie donne cy-deſſous la deſcription, eſt tres-efficace pour ceſte maladie.

Eſprit de vitriol preparé ſelon Crollius.

PRens vitriol d'Ongrie, ou de Cypre, ou Romain quel qui ſoit d'iceux, il n'importe pas beaucoup (quoy qu'Euſere aye en grande eſtime celuy qui ſe prend dans les mines de *vſ clem Zigmantell*, d'autant que la mine eſt d'or, d'argent, de fer, & d'eſtain;) diſſouts donc ce vitriol en eau diſtillée ou en roſée de May; apres ceſte diſſolution coule-le, & le mets en digeſtion aux cendres, ou au ſable, ou au fumier

mier dans vn alembic qui ſoit bouché tellemét quellement, parce qu'il ne s'euapore rien : fais le demeurer vn mois à la digeſtion, & apres les feces ou excrements monteront au deſſus, leſquelles tu ſepareras, & mettras vne autre fois en digeſtion, iuſques à ce que tu verras qu'il ne iette plus de feces. Apres coule, & diſtille ce qui eſt clair au Bain Mariæ, ou à l'arene par l'eſpace de deux ou trois heures, auquel temps le phlegme ſortira le premier, lequel il faut ſeparer & oſter. Apres ce phlegme s'enſuiuent les eſprits, & alors qu'ils commençent à s'aigrir (ce que tu pourras facillement cognoiſtre au gouſt, car ſi tu en mets ſur la langue tant peu que ce ſoit, tu ſentiras l'aigreur, & tu verras monter des petites veines, ne plus ne moins qu'en la diſtillation de l'eau de vie) tu les mettras à part, ayant toutesfois changé de recipient. C'eſt eſprit eſtant reduict à la ſuauité de l'odeur, & à vne aggreable acrimonie, ſans apparence d'aucune corroſion (du moins qui ſoit ſenſible à la langue) n'y auſterité tardifue; mais qui aye vne aigreur ſpiriteuſe & plaiſante au gouſt ; aſſeure toy que c'eſt vn medicament tres-vtille aux cures.

Celuy qui voudra paſſer outre, pourra auoir l'huille (ayant donné accroiſſance à ſon feu) duquel il pourra ſe ſeruir ſelon ſon vſage : car prenant vne partie de ceſt huille rectifié, il pourra le meſler auec quatre ou ſix parties d'eſprit de vin rectifié, lequel il mettra en digeſtion au bain de roſée l'eſpace de quelques mois ; cela faict il le pourra diſtiller pour en

tirer

tirer l'huille, lequel nagera dessus l'eau, auec vne odeur nompareille; il faut qu'alors il le separe, d'autant que seul il est d'vne force admirable, outre-ce qu'il est en grande estime en vsage de medecine.

L'huille de vitriol tres-doux.

Autre description de l'esprit de vitriol.

Prens enuiron deux liures de vitriol crud, & nettoyé, comme i'ay cy-dessus dict; distille-le, & le pousse au feu violent, à fin que l'huille sorte auec l'esprit. Quoy faict adjouste-y deux parties d'eau de pluye distillée par le Bain Mariæ; fais apres vne nouuelle distillation par laquelle l'eau & l'esprit sortiront, & laisseront vn huille fort aigre au fonds. Ceste sortie d'eau de pluye & d'esprit meslez ensemble est fort penetrante, & faict de grands effets pour la fieure Hongarique & autres pour violentes qu'elles soyent.

Medicament Epileptique.

Pour faire & composer ce medicament, il faut premierement imbiber le vitriol qui aura esté calciné, iusques à couleur jaune, auec l'esprit de vin, à fin d'en pouuoir faire vne masse, de laquelle il faut prendre vne liure & demy

Chose admirable que le cerueau se remue aux reuolutions de la Lune; car lors qu'elle croist, il est humecté, & à son decroissement seché, comme il est aisé à voir aux Epileptiques lesquels sentẽt du mal au croissant de la Lune.

Rasclure de crane humain rectifié.
Guy de chesne.
Ongle d'Eslan.
Grains de Pæonia ana vne once.

Il faut fendre & piler le tout; & apres le mettre

mettre dans la retorte en distillation, gardant toutesfois les degrez du feu, lequel il faut renforcer à la fin, à fin de chasser l'humide auec violence.

Apres prens vne liure de la liqueur qui sera sortie, & la rectifie au Bain Mariæ dessus le

Castoreum.
Especes du musch doux ana vne once & demy.
Anacardi six drachmes.

Adjouste-y puis apres quatre liures d'esprit de vin.

Sel de pæonia vne drachme.
Liqueur de perles & coraux ana vne drachme.
Huille d'Anis.
Succin ana deux scrupulles.

Mesle ces choses, & les faict digerer l'espace d'vn mois au bain, desquelles tu pourras apres te seruir à ta necessité.

L'vsage & la dose du medicament Epileptique.

Prens ladite liqueur dans d'eau de pæonia, sçauoir, vne demy cueillerée, & continue l'espace de neuf iours; toutesfois il faut que ce soit au matin auant que manger, demeurant l'espace de trois heures apres sans manger aussi.

APOPLECTIQVE.

Eau de vie tres-bonne pour l'Apoplexie.

Pour faire ladite eau, prens par exemple:

Fleurs

Fleurs de lis de vallée.

Pæonie.

Primulæ veris, ce sont fleurs printanieres.

Marjollaine.

Lauende.

Saulge.

Betoine.

Rosmarin.

Cerises noires sauuages & douces, cueillies au declin de la Lune ana deux onces.

Le tout broyé & meslé, soit distillé selon ta volonté, sçauoir, ou ensemble, ou les fleurs à part auec les cerises. Adjouste-y par apres semence de moustarde pilée & broyée vne ou deux liures; lesquelles feras pourrir dans suffisante quantité d'eau commune, dans laquelle auras faict cuire d'houblon, & de leuain de froment, à fin que le tout se puisse par apres fermenter & leuer; estant leué fais le distiller selon l'art, & de là tu tireras l'esprit inflammatif, lequel circuleras auec autant d'esprit de vitriol preparé comme dessus. De ceste liqueur tu en donneras proportionément selon les forces du malade, pour le plus demy cueillerée auec vne ou deux gouttes d'eau de succin.

Il n'opere pas tant seulement par le dedans, ains encor par le dehors, frottant les temples & le sommet de la teste à la suture coronalle.

Le soulagement & contentement que l'on en reçoit surpasse la peine qu'on y a prinse.

[library stamp]

Huille de Succin.

POur faire & preparer l'huille de Succin, il est besoin d'vne grande diligence, d'autant qu'il demande vn feu conuenable & proportioné. Nous auons coustume de nous seruir du Succin blanc engendré du plus pur betume de la mer; il s'en treuue de jaune, lequel nous refusons pour l'vsage de medecine en ce cas.

Or pour le bien faire, il faut premierement auoir Succin blanc grossierement pilé, & laué en eau commune (si la necessité le requiert) deux ou trois liures, lesquelles il faut mettre par apres dás la courle, ou alembic qui ne soit guiere haut de coupe; la-dedans tu verseras bonne quantité d'eau rose, & de betoine; (ces deux eaux se mettent-là, à fin que l'huille ne brusle, & que par leur moyen la distillation commence plus facillement) sur la coupe de l'alembic mets & adjouste le chapiteau conuenable, qui aye le bec si long que tu pourras le treuuer, & assez large proportionément. Adapte ton recipient au bout du bec, & fais ta distillation au sable, les joinctures estant bien lutées selon la coustume de l'art. Il faut garder neantmoins les degrez de feu, de peur que le verre ne noircisse, car il deuiendroit comme charbon & incontinent se casseroit; il se faut aussi prendre garde de ne violenter pas tant le feu, car le recipient seroit par ce moyen en danger.

En ceste distillation l'eau sort la premiere, & apres suit l'huille blanc auec l'esprit, semblable

blable à vn nuage ; cela passé l'esprit cesse, & ne sort plus visiblement ; ains seulement l'on voit paroistre de petites veines au chapiteau, ne plus ne moins qu'en la distillation de l'esprit de vin. En fin l'huille jaune sort, & alors il faut changer de recipient, car incontinent l'huille rouge-brun sortira, & le sel montera le dernier apres la sublimation, laissant au fonds les feces & excrements noirs, & legers comme cotton.

Il faut bien lauer l'huille du Succin blanc en eau commune auant que le rectifier, le remuãt souuent dans ladite eau; cela faict on le doit rectifier lentement par le Bain Mariæ, auec eau rose, ou de marjollaine: apres ceste rectification on le peut encore mesler auec nouuelle eau de rose ou marjollaine, comme i'ay dict, & le rectifier vne autre fois en la mesme façon que dessus ; quoy faict on le meslera auec vne desdites eaux, le remuant fort & ferme ; le laissant apres reposer ; si on continue ceste ablution on aura l'huille sans aucune puanteur.

Pour ce qu'est de la quantité qu'on en peut tirer, sçache que d'vne liure de Succin, on ne peut auoir que trois ou quatre onces d'huille blanc, qui est le vray & meilleur huille.

Sel de Succin.

REcueille le sel qui est monté en sublimation par la force du feu, comme ie t'ay dict cy-dessus, & le dissouts auec eau de marjolaine, laquelle tireras par le filtre, laissant le sel au fonds ; attire par apres ceste eau bellement par le Bain, dissouts vne autre fois ton sel en eau de marjollaine,& le filtre comme dessus. Cela faict coagule-le, & par ce moyen tu auras le sel diuretique d'vne excellente vertu, duquel i'ay faict mention cy dessus.

Les forces de l'huille de Succin.

Ce seroit faire grand tort à cest huille de l'appeller autrement que baulme de l'Europe, parce qu'il surmonte tous les autres remedes & medicaments, par la noblesse de sa vertu. Ceux qui l'ont espreuué tant en l'Apoplexie, qu'en l'Epilepsie en peuuent dire leur opinion. Anciennement on l'appelloit huille sacré, à cause de ses vertus nompareilles & admirables, quoy qu'incogneuës à beaucoup de Medecins.

Pour empescher qu'aucun venin n'infecte le cœur en temps corrompu & pestilentieux, il ne faut que s'en frotter soir & matin les narines d'vne goutte seulement ; que si par hasard quelqu'vn estoit frappé & atteint de ladicte maladie, il luy en faut donner despuis vn scrupulle à deux en eau de chardon benist.

Il proffite merueilleusement à ceux qui craignent les maladies de la teste, comme l'Apoplexie, Paralysie, & Epilepsie. Et de faict si quelqu'vn en prend le matin à ieun vne ou deux gouttes en eaux appropriées comme de Betoine, tiller, lauende, ou cerises noires, il ne doit aucunement craindre lesdites maladies.

Les

Les tablettes faictes dudit huille auec le sucre, ont les mesmes vertus que l'huille seul. Et si par fortune quelqu'vn est atteint desdites maladies, Apoplexie, Epilepsie, & Paralysie, il n'y a meilleur remede au monde que de luy faire distiller quelques gouttes dudit huille dans les narines, ou luy en frotter despuis vn temple iusques à l'autre, & sans doute il donne la santé, & chasse la maladie, permettant libre sentiment & mouuement aux parties paralytiques. Les suffumigations du mesme Succin blanc jetté sur les charbons & tiré par les narines font passer les Paroxysmes prouenans à cause desdites maladies.

Pour les contractions, conuulsions, & confortations des nerfs, ou parties nerueuses, il faut oindre la partie dolente auec ledit huille meslé auec onguents propres pour la confortation des nerfs ou veines.

On peut estre desliuré du calcul, & autres carnositez engendrées le long du canal de la verge, beuuant deux ou trois gouttes dudit huille meslé auec eau de persil.

Cest huille facilite l'enfantement, pourueu qu'on en donne demy scrupulle, ou vn peu d'auantage, en eau de verueine, d'artemise, ou dans de la maluoisie.

Il n'est pas moins vtille pour arrester & guerir les defluxions de la teste, car par son moyen, elles sont consommées, & le cerueau fortifié.

Si on frotte les narines, & sous les aisselles des femmes subietes aux suffocations, precipitations, & strangulations de matrice, il appaise le mouuement d'icelle tout à l'instant.

Les tablettes faictes dudit huille comme cy auparauant i'ay dict, ont les mesmes vertus & proprietez que l'huille pur.

Il proffite grandement pour les perturbations d'esprit, aux langueurs, & palpitations de cœur.

Il ne conforte pas tant seulement la faculté & vertu vitalle du cœur ; ains encore l'animalle du cerueau, & naturelle du foye : & pour ceste cause la concoction & digestion en reçoiuent des particuliers benefices, & grandes commoditez.

Quant aux fieures il a vne particuliere vertu, si on en donne trois gouttes seulement en eau de chardon benist vn peu auant l'accez, attendant par apres la sueur ; car sans doute il faict leuer le siege à la fieure.

Pour la retention d'vrine en faut prendre trois ou quatre gouttes en eau d'euphraise, ou dans du vin blanc lequel mesmes a ce pouuoir de prouoquer à vrine.

Il desseiche les catharres.

Il appaise les douleurs des dents prouenuës par quelque defluxion ; il en faut faire vn gargarisme auec eau de plantain.

C'est vn remede tres-asseuré pour la jaunisse ou icterie, prins en eau de cichorée, endiue, ou de chelidoine.

Pour la collique, il en faut prendre vn scrupulle, ou demy drachme dans la ceruoise.

Pour les suffocatiõs de matrice, il en faut prẽdre sept ou huict gouttes auec eau de Pulegiũ.

Pour

Pour chasser l'enfant & l'arrierefaix, il en faut prendre sept ou huict gouttes en eau de Sabine, ou d'Artemise.

Sept ou huict gouttes en eau de Melisse sont capables de redonner le cours naturel & ordinaire, à la retention des menstrues.

C'est vne verité asseurée que i'ay veu vn homme qui fut guery d'vne contraction des mains & des pieds s'estant frotté durant quelque temps lesdites parties auec l'huille de Succin.

Pour le vomissement de sang, il en faut donner trois gouttes en eau de Tussilage, ou Tormentille, ou prunes sauuages appellées communement prunelles.

Il arreste le vertigo & roulement de teste, ou scotomie.

Il semble vn miracle de nature des vertus qu'il a pour guerir des stupiditez du cerueau.

C'est vn admirable confortatif pour la veuë prins auec eau de fenouil.

On s'en peut librement seruir pour les points des flancs.

La dose de l'huille de Succin.

La dose ordinaire de l'huille de Succin est de quatre, six, sept, à dix gouttes ; voire mesmes iusques à vn scrupulle, selon la maladie & complexion du malade.

Baulme Apoplectique.

Pour faire ledit baulme Apoplectique.

Ambre gris vne drachme.
Ambre noir vne drachme & demy.
Musch vne drachme & demy.
Ciuette deux drachmes & demy.

Prens
Huille de lauende (dans lequel on aura faict humecter des fleurs de lys) demy drachme.
Huille de canelle demy scrupulle.
Huille de geroffle six gouttes.
Huille de noisettes deux onces.
Huille de marjollaine demy drachme.
Huille de succin vne drachme.
Huille de rue demy drachme.

De toutes ces choses bien meslées, il faut composer vn baulme, les faisant tant soit peu chauffer ensemble; il sera permis à qui voudra d'y mesler quelque peu de baulme du Peru, ou de celuy qui vient en Iericho, qui est le meilleur du monde.

Les forces & vsage du baulme Apoplectique.

Il apporte premierement vn grandissime soulagement à la maladie de laquelle il porte le nom, sçauoir à l'Apoplexie.

Il n'en faict pas de moins pour les epileptiques & vertigineux, frottant d'iceluy les extremitez des narines, les temples, le front, & le dedans du palais, selon que la necessité le requiert: il est indifferent à quelle heure, soit nuict ou iour; soir, ou matin; auant ou apres manger;

manger ; il faut neantmoins par interualle reïterer ladite onction.

Pour s'empescher de l'Apoplexie, il s'en faut frotter, deux ou trois fois la sepmaine, sçauoir, les aisles dés narines, & le sommet de la teste, puis y appliquer dessus vn linge salle, & chaud.

Il est admirable pour deschasser les airs malins, & pestiferez.

Il resiouït les esprits tant animaux que vitaux.

C'est vn secret fort excellent pour ceux qui sont subiects à la collique, se frottant, tout à l'entour & dessus le nombril, dudit baulme.

Il apporte vn entier soulagement aux maladies de la matrice, frottant le ventriculle, & le nombril, dudit baulme vn peu chaud. Pour la mesme maladie lors que la femme endure des conuulsions lesquelles semblent la suffoquer, il luy en faut frotter les parties naturelles, & à mesme temps (pour plus grande seureté) luy mettre quelque chose de puant au nez, comme le Castoreum, ou Assa fætida.

Son vsage est externe, & mesmes lors qu'on s'en est seruy, on ressent durant l'espace de trois ou quatre iours, vne odeur grandement suaue & aggreable.

Ophtalmique ou pour les yeux.

Prens { Maluoisie vne liure.
Eau du blanc des œufs cuits durs vne liure.
Eau de sang humain vne once.

Eau de roses blanches.
Eau de roses rouges ana trois onces.
Eau de chelidoine.
Eau de rue.
Eau d'euphraise.
Eau de fenouil.
Eau de valerienne.
Eau de fumeterre.
Eau de Pulegium ana deux onces.

Miel vierge vne cueillerée & demy.
Alun de roche.
Succre candy.
Vitriol blanc ana demy once.
Camphre trois drachmes.

Sel
Sel d'euphraise.
Sel de fenouil.
Sel de plomb ana vne drachme.
Sel de coraux.
Sel des perles ana deux scrupulles.

Geroffles.
Zingembre blanc.
Mastich ana vne drachme.
Tutie preparée, c'est à dire, lauée six fois en eau rose ou vin de Crete, & puis pilée bien menu vne once & demy.
Aloes demy once.

De toutes ces choses brise ce qui doit estre brisé, & le mesle ensemble, puis le laisse digerer dans le verre clos, à la chaleur l'espace d'vn mois; ou permets qu'il endure le Soleil & le

serain

serain l'espace de quarante iours le remuant tous les iours quelquesfois: cela faict presse ton infusion pour ton vsage. Ceux qui voudront le preparer dans le vaisseau à calciner, le pourront faire d'autant que cela ne depend que de la volonté.

Note qu'il faut au preallable que le mettre en digestion, remuer l'Aloes auec les eaux, dãs vn mortier, iusques à ce qu'il soit reduict en eau, laquelle semblera estre trouble, continue cela iusques à tant qu'il soit bien remeslé, & puis le mets auec le reste.

L'vsage de l'Ophtalmique.

Il est propre pour toutes les maladies des yeux en general.

Pour les inflammations.

Chassies.

Fistuilles, & autres maladies semblables.

La maniere pour le bien appliquer.

Pour bien appliquer cest ophtalmique, il faut que le malade soit dans le lict couché à la renuerse, & qu'on luy en mette vne goutte dans l'œil malade, auec vne plume de poulle noire; la goutte estant distillée dedans, il pourra fermer l'œil, à fin que l'eau se puisse disperser & estendre par toutes les cauitez des yeux.

Si les nuages sont au dessus, ou au dessous la cornée, il faudra faire poudre de

Sucre candy.

D'alun buslé, & d'os de Seiche.

Le

Le tout broyé bien subtillement ensemble. Et cependant que le malade est au lict, il luy faut releuer la paupiere, à fin d'euiter le touchement, puis souffler de ceste poudre dedans l'œil auec vn canon de plume, y faisant à l'instant distiller vn peu de la susdite eau, apres le malade fermera les yeux & dormira s'il peut, & sans doute il sera tost guery.

Que si par hasard il y a des taches, il faudra mesler la poudre auec demy once de ladite liqueur ophtalmique, &

Huille de brique rectifié quatre fois.
Huille de fenouil rectifié vne fois ana quatre gouttes.
Huille de succin rectifié deux gouttes.

De cela vse deux fois le iour, sçauoir soir & matin, de la mesme façon que dessus; & auec l'ayde de Dieu tu verras des merueilles.

Il se faict encor vn autre Ophtalmique tres-excellent auec les Escriuices & la Chelidoine lequel (s'il est preparé auec le temps & artifice qu'il faut) guerit toutes les playes des yeux quoy que desesperées, & ce dans l'espace de vingtquatre heures que les effets paroissent.

Huille Anodin pour les dents.

Prens huille de Geroffle rectifié demy once, dans lequel tu dissoudras Camphre demy drachme, & y adjousteras apres demy once d'esprit de Terebenthine rectifié par quatre fois, & garderas ceste mixtion pour ton vsage.

Eau qui a les mesmes vertus.

Prens
- Serpollet.
- Origan.
- Saulge.
- Mentastre.
- Persicaire immaculé.
- Rascleure de Gayac.
- Rascleure de Tamarisc.
- Rascleure de buis ana vne poignée.

Mets toutes ces choses ensemble dans vn vase, puis y verse dessus, iusques à l'eminence de trois ou quatre doigts, l'esprit de vin qui aura resté de quelque opiate, comme du Laudanum; laisse apres reposer cela en quelque lieu chaud, ayant bien bouché ton vase de verre; & lors que l'esprit sera teinct, tu prendras de ceste teincture, tant soit peu, & l'appliqueras contre la dent gastée, l'ayant tenu vn petit espace de temps, la cracheras, & y en mettras d'autre si besoin est, & la douleur cessera; Que si la dent est caue, il faut moüiller du cotton & le mettre dedans, & à l'instant il allege la douleur.

PECTORAL.

Laict de Soulphre.

PRens vne partie de soulphre blanc bien pilé & passé par le tamis; ou bien prens fleur de soulphre, sel de tartre trois parties, mets-le tout dans vn verre asses ample d'orifice. N'oublie pas d'y mettre d'eau de pluye distillée à l'eminen l'eminence de six doigts ; apres mets ton verre au sable (notte qu'il faut que la quarte partie du verre soit vuide, & que ledit verre ne soit enterré que iusques à la superficie de la matiere) & le fais chauffer à petit feu, le remuant auec vne spatulle de bois iusques à ce que le soulphre soit dissout en ces ebullitions, ce qui est faict dans cinq ou six heures pour le plus, & alors ceste liqueur rougit & s'espoissit en forme de l'exiue. Que si par ces ebullitions l'eau s'euapore, il y en faut ietter d'autre dedans toute bouillante, & à la fin lors que le soulphre est tout à faict dissout, & qu'il ne reste qu'enuiron trois doigts en eminence de ceste liqueur rouge, il la faut filtrer pendant la chaleur par la carte emporetique ; & en faut incontinent mettre dans vn autre verre, y versant du vin pendant qu'il est chaud. Quelques vns veulent vser du vinaigre distillé au lieu du vin, ce que ie ne treuue pas si bon. Versant le vin dessus ceste liqueur teinte, il faut hausser le bras comme qui veut faire d'eau panée, car par ceste vehemence ladite liqueur s'espoissira en laict ; il faut continuer cela iusques à ce que toute la liqueur qui reste soit espoissie ; de le faire tout en vne fois il est impossible, mais consecutiuement. Apres mets toute ta liqueur espoissie dans vn autre verre en quelque lieu chaud, iusques à ce que la blancheur du soulphre se soit separée du vin rougeastre qui est au fonds, lequel pourras oster par inclination, & apres y ietter d'eau de pluye distillée, meslant tousiours le tout ; estant meslé auec ceste

eau,

eau, laisse-les demeurer en digestion vn iour & vne nuict entiere : quoy faict, oste ceste eau par inclinatiõ, & y en remets d'autre nouuelle; reitere cela iusques à ce que tu ne verras paroistre aucune impureté n'y noirceur en ladicte eau, & que la mauuaise odeur sera dissipée, & alors tu pourras sortir ton eau par inclination, & mettras secher ton laict dans le poësle & le garderas en façon de fleur de farine: si tu veux, auant qu'il soit tout à faict sec, tu y pourras mesler d'eau de canelle, ou autre eau appropriée à fin qu'il demeure comme de la bouillie, ou laict, lequel il faut bien remuer auant que s'en seruir.

Les forces, vsage & dose du laict de soulphre.

C'est le baulme de l'humide radical.

Il conforte les forces naturelles.

Il purge le sang de toutes ses impuretez, desquelles les maladies ont coustume de prendre leur origine.

Il est vn admirable preseruatif contre l'Apoplexie, & contre les contractions de nerfs.

Il faict des merueilles contre la lepre, & la verolle.

Il est vn specifique pour les poulmons, preseruant encor & guerissant de l'asthme.

Il guerit la toux tant inueterée que recente, & conforte le cerueau.

Il consomme & desseiche les defluxions de la teste.

Il

Il empesche & chasse les ventositez du ventriculle, comme faict aussi la collique.

Il proffite grandement aux personnes seiches, arides & hectiques meslé auec l'eau de canelle & rendu en laict.

Il soulage à veuë d'œil les phthisiques, d'autant qu'il agit contre l'humide radical, comme tesmoignent fort bien ceux qui en ont vsé.

Il est admirable pour la goutte ou podagre, pour les sciatiques & autres maladies semblables.

Il consomme occultement la maladie ne plus ne moins que le feu consomme le bois.

La dose du laict de soulphre.

Il faut mettre de ce laict ou poudre dans l'eau de canelle, melisse, ou lauende ; en eau epileptique, ou esprit de vin.

On en met tant soit peu dans lesdites eaux iusques à ce qu'elles deuiennent blancheastres; on prend apres de ladite eau meslée vne cueillerée soir & matin.

Note que la mixtion se doit seulement faire vn peu auant que l'on la vueille prendre.

Cordial.

Le principal point qu'vn bon Medecin doit obseruer, c'est qu'il se doit prendre garde de deffendre le cœur de son malade auant qu'ataquer la maladie. Ceux ausquels a esté donnée la cognoissance de l'harmonie & analogie qu'il y a des choses celestes, aux terrestres, (comme

(comme Astrologues & autres) n'y oseroyent contredire, approuuants vnanimement que c'est aux deux principales parties du corps humain, c'est à sçauoir, au cerueau & au cœur, que ces deux grands luminaires celestes sont desdiés. Ils ne peuuent aussi nier que l'or, entre les choses naturelles, ne soit le plus excellent confortatif pour le cœur, comme nous auons desia dict aux deux prefaces precedentes. La commune opinion des Medecins est, que l'or conforte le cœur; toutesfois cela ne se doit entendre de l'or commun consistant en vne masse morte (quoy qu'il y puisse quelque chose) ains du vif & philosophique reduict à sa premiere forme. Et combien qu'il y aye quelques pierres precieuses preferées à l'or, quant au prix, cela n'est pas bastant pour preuuer qu'elles soyent meilleures & de plus de vertu, ains seulement plus rares; car la nature a doüé l'or des vertus plus admirables qu'elle eust dans son cabinet, par lesquelles (si nous en auiós la parfaicte cognoissance) nous pourrions tellement disposer l'or que nous l'aurions vrayement vif; veu qu'il n'y a point de doute que chasque chose ne puisse engendrer son semblable; mais ce qu'empesche que cela ne se voit si clairement aux metaux, comme aux vegetatifs & sensitifs, c'est ceste masse terrestre, & crasse par laquelle les esprits vegetás sont cóme emprisonnez, si bien qu'ils ne peuuent pas exercer leur fonctions comme leur nature demande. Et si par quelque artifice les esprits se pouuoyent mettre en estat d'exercer leurs fonctions, & se depestrez du ioug de ceste facheuse prison, sans doute ils auroyent les forces generatiues aussi bien que les autres creatures; & pourroyent porter vn fruict correspondant à leur semence, & par consequent le metail produiroit le metail, l'or, l'or, l'argent, l'argent, &c. Et de là le vray & naturel Philosophe tireroit vn secret pour guerir presque toute sorte de maladies, lesquelles (moralement parlant) nous disons estre incurables. Heureux trois & quatre fois le Medecin qui par vn physique roulement pourra reduire les trois principes vniuersels bien purifiez, & conioincts par vne deuë proportion, en vn phenix incombustible, par le benefice duquel il peut animer & rendre vegetatif l'or; & par mesme moyen d'vne sorte de lien indissoluble rendre son phenix en or, lequel fauorisé du Soleil celeste, & par les Loix de l'Anatomie, Magie, Philosophie, & Pyronomie, sçait appliquer l'esprit de vie au cœur Microcosmique, (c'est à dire de l'homme, comme y ayant de la sympathie) par le moyen du Soleil metallique, dissout & regeneré par l'eau de plusieurs noms, ou hyleale, guidé par l'esprit de vin approprié: mais puisque le Souuerain donateur des perfections n'a encor voulu jetter l'œil dessus moy (comme i'ay dict cy-deuant) quoy que i'aye faict l'essay en plusieurs façons & à mes propres despens, de l'or potable, ou pour mieux dire putable; ie ne te veux nullement abuser, amy Lecteur & Chymique, eu esgard que ie t'ay promis faire voir en ce Liure, les experiences que i'ay faictes. Ie desire encor contenter

L'or est le gouuerneur de toutes les autres choses; mesmes il est le receptacle de toutes les vertus celestes, car la quintessence de l'or resiste à l'operation du Soleil, & des autres Planettes lors qu'elle est donée à l'hõme.

Quatre principes naturels

Entre les choses celestes, le Soleil tient le premier rang. Entre les vegetans le vin. Entre les animaux le cœur. Entre les metaux l'or.

ter

ter l'ardente expectation de quelques vns par la description qui m'en a esté faicte despuis peu, mais fidellement; toutesfois ie n'en ay pas faict la preuue, quoy que ie n'en doute pas trop à cause de la verisſimilitude que i'y voy. C'est bien vray que les voyes & raisons ordinaires des Chymistes, en la façon de l'or potable, sont ineptes & alienées du propos des Philosophes, duquel nom plusieurs ignares abusent faussement; car tout ce qui se redige au corps est crud, & n'a encor sa deuë concoction, d'autant que la nature, par vne certaine alteration change le bien en mieux. Or est-il que c'est or, duquel ils parlent, n'a suby aucune alteration, n'y solution physique, il est doncques impossible qu'il soit reduict en mieux. Et quoy que plusieurs tachent de dissoudre l'or (racine metallique excluse à bon droict du rang des vegetans & animez) par l'esprit de vin alcoholisé, ou par l'esprit du sel commun, d'autres par le vinaigre rectifié, ou par les sels corrosifs, esprit de Terebenthine, huilles aromatiques & semblables niaiseries & fadeses; toutesfois l'experience nous faict librement cognoistre qu'ils trauaillent en vain. L'eau de Sapience des Philosophes est vnique, qui naturellement & philosophiquement puisse desliurer les pierres & metaux des impuretez de la coagulation & vnion quaternaire. Et n'y a sous le ciel autre moyen pour physiquement dissoudre le corps metallique que par l'vniuersel menstruel Mercurial des Philosophes le plus secret de toute la nature; duquel estant priuez par ignorance,

Le ciel doré, ou empyrée s'ouure sans l'ayde & mediation d'aucune impureté; & à raison dequoy ce superbe & pesāt Lucifer en fut anciennemēt deietté.

Ce n'est pas sans raison que les Anciēs disoyent que toutes choses estoyent contenues au Soleil & à la mer; nō pas à cest extremātice, ains au baulme naturel & central, vniuersel à la nature, auquel ou difficulté nous faisons comme les cuisiniers, qui à faute de bon bois de chesne ou autre, se seruent de la paille pour apprester leurs viandes.

En fin l'or auquel est l'adequation des elemẽt, est le subiect vniuersel & vie des animaux, vegetans, & mineraux; & tout ainsi comme il a vne singuliere concordance auec le *Soleil* celeste; de mesme a-il vne singuliere affinité & harmonie auec le corps humain à cause de sa forme interne. Et comme le *Soleil* celeste parmy les autres Planettes, est assis en Roy au milieu, surpassant le reste tant en grandeur, qu'en splendeur, leur communiquant sa lumiere, & leur donnant le pouuoir d'influer aux choses terrestres & inferieures; de mesme est ce Soleil philosophique, (l'or dis-ie naturel) à l'endroit des autres metaux, car c'est le plus pur de tous, contenant en soy la splendeur du Soleil, & les rayons du feu celeste; & au corps duquel les quatre elements sont d'vn fort bon accord. Le rubis a en soy tous les effets des autres pierres precieuses; l'or aussi a le mesme parmy les metaux. Et comme les Planettes celestes desrobent & puisent leur splendeur & lumiere du Soleil, de mesme façon aussi les Planettes terrestres, (c'est à dire les corps metalliques) tirent leur vertu, lumiere & splendeur de l'or, comme du vray *Soleil terrestre*. De là l'on peut voir pourquoy les anciens Cabalistes tres-doctes en la Magie naturelle, esclairez par la Diuine lumiere, ont faict comparaison de tout ce qui est au mõde, auec le poinct, ligne droicte, & periphe

de tout tẽps a esté donné le nom de vraye Alchymie.

Lis Rodoagiнus au Zodiaque inferieurs des signes hybernaux; & Lulle à sõ ciel Philosophique, traittant du Soleil centrique.

A ce ciel Philosophique nous appliquõs les estoiles terrestres, lesquelles sõt les plantes, pierres, & metaux.

Tout ainsi cõme le cœur est le principal aux animaux, de mesme façon aussi le Soleil est le principal au ciel, & au mõde; le Soleil dis-ie lequel seul à le pouuoir de resiouyr toutes les creatures tant raisonnables, qu'irraisonnables.

Voyez la hieroglyphique Monade, c'est à dire de l'vnité.

peripherie. D'auātage pourquoy c'est qu'ils ont donné les noms, & characteres des Planettes aux mineraux; la raison en est claire, d'autant que c'est à cause de leur singuliere correspondance, & affinité d'interpretation. Pour l'or le Roy & chef de tous les metaux (selon Hermete) il ne peut estre dompté par aucun des elements, ayant esté parfaictement elaboré (quant à la matiere & forme) de Dieu, & de la sage nature: ce metail dis-ie contiēt en soy non seulement les vertus des Planettes & corps celestes, ains encore des autres metaux, mineraux animez & vegetans. C'est pourquoy la violēce du feu ne sçauroit separer ceste conionction, ny la bourbe & fange crasseuse de la terre la gaster; que si ces deux choses-là n'ont point de force à l'endroict de l'or, croyez qu'il s'empeschera & gardera aussi bien de la souille de l'eau, que de la corruption de l'air. D'où viēt que les anciens sages, & Philosophes auoyent raison d'appeller tous les hōmes Microcosmes, ou Adam, tant à cause des occultes vertus celestes, que des terrestres: estāt la fin & perfection de la nature en leur genre, cōme l'or au sien: voire le nōbre septenaire est cōplet quant à la perfection, outre lequel la nature ne sçauroit aller sans la faueur de l'art, s'arrestant à iceluy cōme au dernier but de ses forces; toutesfois ie remets au iugemēt de de ceux qui sont capables de discourir philosophiquemēt, cōme c'est que le reste des Planettes & elemēs peut cōmuniquer ses vertus à l'or qui est enclos aux entrailles de la terre; car selon les doctes Cabalistes, toute la machine creée est di- L'or est de toute nature.

uisée en trois mödes, sçauoir en monde elementaire, ou sensible, duquel les parties integrantes sont le ciel & la terre: en l'intellectuel ou angelique, & en l'archetype. Ces trois mondes ont esté figurez fort clairement par Moyse en l'admirable construction de son tabernacle figuratiuement demonstré en la mötagne. Au monde sensible est la region elementaire, & celeste: l'elemétaire est ceinte & entourée du firmament qui contient dans son concaue les quatre elemens, subiects à la generation & corruption.

Exode 16. vers. 30.

Au celestes les Planettes auec le reste des estoilles, ou corps celestes font leur domicille, où elles exercent leurs fonctions. En la seconde region est le lieu & habitation des Anges, appellé (selon les doctes Rabins) le monde d'intelligence, ou intellectuel. La troisiesme contient le monde Archetype, où proprement & particulierement reside & preside le grand Protoclaste, duquel la volonté se communique aux intelligences, ou Anges; & de là aux spheres des Planettes & estoilles, auant que de venir au monde elementaire, où la volonté Diuine est executée comme en dernier ressort. Dieu neantmoins a voulu laisser le vray pourtraict de sa toute puissance à vn chascun de ces trois mondes, non à celle fin qu'ils luy fussent esgaux, ou que selon leur volonté ils puissent faire toutes choses; mais à fin que ces effigies & simulachres (vrays pourtraicts de l'essence Diuine, l'aspect de laquelle selon S. Paul en la premiere aux Romains, est deffendu aux yeux des hommes) nous donnassent vn asseuré tesmoigna

Cest ordre du milieu, est cõme interprete aux inferieurs, de la volonté & cõmandement du supresme.

Le troisiesme a son mouuement du second, & le second est regi & gouuerné du premier.

Vers. 20.

moignage de sa Diuinité par ses œuures; sçauoir par la creation du monde.

Au monde Archetype, ou ciel Empyrée sont tant seulemẽt les dignitez, & idées Diuines; Au mõde intellectuel, sont placez les Anges ou intelligences; Au monde bas & sensible, le premier mobile, ou (selon aucuns) le second mobile apres les Anges, ou premiere creature corporelle fonteine de vie, & de mouuement. En ceste regiõ là il a logé le Soleil comme Roy & Gouuerneur des estoilles, & source de toute lumiere: car l'ame du monde, ou nature moyenne se treuue principallement au Soleil, lequel remplissant ce globe, darde ses rayons par tout; ne plus ne moins qu'vn esprit, donnant vie, mouuement, & sentiment, à tout ce qui en est capable par la penetration qu'il faict à toutes les essences: doncques au Soleil sont toutes les forces de la nature comme en vn receptacle & perpetuelle fonteine. Et comme le cœur est la source vitalle, des esprits & du sang, donnant le mouuement & vigueur à tout le reste des membres; de mesme le Soleil, cœur du ciel, comme seigneur de toutes les vertus elementaires, darde reciproquement ses rayons à toutes les choses naturelles. Au monde elementaire nous auons l'or, lequel est le receptacle & subiect de toutes les vertus celestes, lesquelles communiquées du supresme au celeste, & enfin à l'elementaire, sont ramassées en ce metail; & finalement encloses & conseruées en iceluy. L'esprit celeste & plus secret de l'or, porte quant à soy l'image fort approchante de la

Dieu en l'ordre & disposition de toutes choses, a voulu loger & colloquer tousiours les plus nobles, aux plus eminents degrez.

Toutes les ames se doiuẽt rapporter à vne seule ame laquelle est celle de tout le monde, ne plus ne moins que toutes les Planettes se rapportent au Soleil leur seul & legitime Roy.

Il resplendit sur toutes choses, & est le ferment de l'humaine sagesse.

La force & vertu du Soleil se recognoit principallemẽt aux pierres, car puis que son esprit est en toutes les choses naturelles, à plus forte raison il doit estre en l'or, & aux pierres, la nature desquelles trauaillée, il la restaure & aide par sa seule presence.

C'est pourquoy Paracelse (& nõ sans raison) recognoit & admet trois façons d'or.

Les metaux cachez au milieu du centre de la Terre, ont prins le lieu plus bas pour leur demeure.

Diuinité; en donnant la vie, & substance essentielle à toutes les creatures du monde. Ce mesme esprit s'estend par sa propre vertu parmy ce vaste empyrée, mais dessors qu'il iette ses rayons sur la terre (à cause que le cercle est moindre) faut necessairement qu'il s'apetisse & se rende plus estroict; d'où il a plus de force pour s'incorporer auec la substance des choses qui sont enseuelies dans la terre. Et de faict il s'attache plustost aux metaux qu'aux autres choses, à cause de la sympathie qu'il y a entre eux; car lors que le Soleil est en sa peripherie, visitant les chemins & maisons celestes des autres Planettes, il les agite & resueille par sa presence. Et quoy que hors de conionction elles sentent (s'il semble) quelque tourment, toutesfois estant conioinctes auec luy, elles sont grandement resiouyes, à cause du soulagement & ayde qu'il leur donne, pour pouuoir plus commodement, & auec plus de vigueur exercer leurs fonctions & operations; car dessors que le Soleil est conioinct auec Mars, il luy donne d'auantage de chaleur, auec Saturne, il luy augmente son froid, communiquant neantmoins tousiours sa lumiere iusques aux lieux les plus souterrains; à raison dequoy il a tiré ce beau nom de *Fonteine de lumiere celeste*. Et selon Heraclite Orphée l'appelle, *Lumiere de vie ; & œil du monde, ou autrement Oeil celeste*, viuifiant, qui communique sa chaleur, lumiere & vie à toutes choses.

La nature du feu externe est de viuifier tous les autres feux qui sont cachez, de mesme le Soleil

Soleil a esté destiné par la Diuine puissance d'enflammer tous les autres feux, sçauoir les spheres des Planettes, lesquelles nous ne pouuons discerner, car d'elles-mesmes elles sont comme mortes, neantmoins par l'embrasement du Soleil qui leur donne puissance d'operer chascune selon ses facultez, elles sont viuifiées. Le Soleil est encor appellé, *Spiracle de vie des elements: par Paracelse; Platon & Zoroastre, Feu celeste & inuincible; pere de lumiere, qui communique sa splendeur à tous les autres corps celestes, & de là par vne certaine vertu occulte, la deriue à nostre feu*; Et en ceste façon les vertus de toutes les autres Planettes se retreuuent au Soleil. Ce pourquoy Iamblique dict que tous les dons que nous auons, prouiennent du Soleil mediatement, ou immediatement: car les autres vertus qui nous sont communiquées des autres Planettes ne sont que cõme par emprunt, veu qu'elles ne les ont que par cõmunication; D'où viẽt qu'au Soleil, cœur du ciel, toutes les vertus occultes se remõstrent cõme en vne tres-puissãte source: mais la Lune fẽme du Soleil, dernier receptacle de toutes les vertus & influẽces celestes, attire cõme en sa matrice tous les rayõs & influẽces du Soleil & autres Planettes, lesquels (s'il faut ainsi parler) elle enfante, & cõmunique à ce bas mõde sõ plus proche voisin. Et est à preiuger que Dieu tout puissãt a creé & mis la Lune au plus bas lieu des spheres & corps celestes, & au plus haut des elemẽs, à fin que les influẽces & forces des astres puissẽt plus cõmodemẽt estre cõmuniquées par son moyen aux elemens

Le Soleil reluit tousiours & n'emprunte sa lumiere d'aucun, estãt regi tant seulemẽt de Dieu.

Il est impossible de venir à bout d'aucune chose sans la faueur de la Lune, d'autãt que la Lune est (par la vertu Soleil) la dame & maistresse des generations, de l'accroissemẽt & descroissement.

L'vne c'est comme reluisant d'vne autre lumiere, parce qu'elle ne reluit pas de soy-mesme ains emprunte toute sa splendeur du Soleil.

Sans la faueur de la Lune nous ne pouuons attirer en aucune façõ que ce soit la force des influences celestes.

Quoy que la Lune emprûte ses forces de toutes les estoilles, elle prend neantmoins son principal du Soleil.

Car toutesfois & quantes qu'elles se cõioinct auec le Soleil, elle se remplit d'vne vertu tres-viue, & par son seul regard elle faict sa cõplexion & conionction.

superieurs, & par vne certaine proportion de degré en degré, iusques au globe de la terre, rendant à chasque corps les proprietez de l'astre qui predomine à leur nature & essence. Et de là apparoist comme l'ame du monde dispose de la lumiere, & feu du Soleil, par vn autre feu qui est inuisible & insensible, i'entens le Soleil lequel apres esmeut les vertus des astres, & en fin les faict influer ça bas par la faueur de la Lune, de mesme façon que la semence de l'homme quand elle est poussée dans la matrice de la femme.

Or doncques puis que le Soleil celeste, & le Soleil terrestre, qui est l'or; ont entre-eux ceste singuliere concordance & ressemblance, ce n'est pas sans raison que les sages Cabalistes les ont voulu signifier par vn mesme charactere, sçauoir d'vn rond ou cercle entier, ayant son centre visible, duquel voicy la figure; ☉ car par ainsi le charactere du Soleil demõstre le ciel & la terre; le cercle monstre les mouuemens & influences celestes; le poinct qui est son centre la nature terrestre & fixe. Et quiconque a la vraye science du poinct & centre, peut dire qu'il n'y a aucune chose en la nature, de laquelle il n'aye parfaictement la cognoissance. Car puis que la racine & fondement de toutes les choses occultes consiste au poinct; c'est hors de doute que le fondement de tous les arts, & sciences naturelles, ne peut estre puisé ailleurs. Mais, reuenons à nostre or potable qui m'a esté communiqué, lequel ie veux enseigner apres le mien.

Premierement, il est requis d'auoir le calx Solis, *ou chaux du Soleil, laquelle autresfois i'ay preparé en ceste sorte, mais pour vn autre vsage.*

LE CALX SOLIS.

PRens demy liure d'eau forte commune, dans laquelle tu feras dissoudre vne once de sel Armoniac, ou autant qu'il s'y en pourra dissoudre; fais ta solution en petite chaleur, & par ce moyen tu auras d'eau regalle, dans laquelle tu dissoudras autant d'or qu'il sera de besoin. Apres tu mettras ta solution dans vn verre assez ample, y versant bellement & goutte à goutte de bon huille de tartre, resout de soy-mesme dans la fraischeur d'vne caue. Ie dis bellement & goutte à goutte à cause du danger de l'ebullition; ou au deffaut de cest huille de Tartre, tu te pourras seruir de sel commun, dissout dans eau commune. Il est toutesfois besoin d'auoir bonne quantité d'huille de Tartre, si tu veux qu'à l'instant l'or s'en aille au fonds par la repercussion: & deslors que tu verras toute la chaux de l'or dissout estre au fonds, (ce que tu cognoistras facillement par la couleur de l'eau laquelle doit estre blanche, car si elle est iaunastre, c'est signe que tout l'or n'est encore au fonds repercuté) tu y ietteras d'auantage d'huille de Tartre; sois en aduerty en passant, & à mes despens. Et quand il aura demeuré quelques deux ou trois heures de la façon

çon en quelque lieu chaud, verse la liqueur qu'est à la cuue, & seiche la chaux ou *calx Solis* (qui ressemble à la terre sigillée pasle:) & l'ayãt apres adoucie quatre ou cinq fois dans l'eau chaude; tu la dois seicher au bain Mariæ auec vne chaleur lente; ou bien (qu'est le plus asseuré) seiche la dessus vne platine de verre, dans le poësle, n'y adioustant aucune chaleur forte ou violente. Ceste chaux sechée, tu la mettras pour plus grande asseurance dans vn vase de verre, auec vne spatule de bois & non de fer, & la garderas pour ton vsage.

Note qu'il y a du danger si tu la seiches autrement qu'en l'vne de ces deux façons que ie t'ay dict: car incontinent elle ressent la chaleur du feu; & estant remuée auec vn instrument de fer, prend vne plus grande commotion, si bien qu'à l'instant le feu s'y prend, & s'enuolle en fumée rouge auec vn grand bruit; i'ay cogneu quelques vns ausquels, par imprudence, est arriué le mesme traict auec vn grand danger de leur vie. Quelques vns font prendre de c'est or la pesanteur de quelques grains en place du diaphoretique auec vn admirable succez, si on y mesle quelque peu de soulphre pilé, & bruslé dans le creuset; la chaux tres-subtille de l'or demeure de couleur brune, laquelle à perdu toute la force de frapper, ce qui est autant digne d'admiration que de remarque.

Vn scrupulle de cest or volant faict plus d'effect que non pas vne demy liure de pouldre à canon.

Vn

Vn ou deux grains mis dessus vn couteau ou autre lame de fer, la chandelle dessous, faict aussi grand bruit qu'vn petard pour gros qu'il soit; mesmes ce son est si aigu qu'il blesse quasi l'ouye de ceux qui l'entendent: l'operation de ceste poudre est contraire à la poudre de canon; car celle-cy estant mise sur quelque lame de fer, si on y met le feu, la perce, reculant en bas quoy qu'elle soit asses espoisse. Ie croy que la cause de ceste percussion est le sel armoniac. Ie mettray en lieu mes raisons iusques à ce que l'on m'en aye donné des meilleures: car tout ainsi comme le sel nitre, & le soulphre sont ennemis, ils ne peuuent aussi compatir ensemble; ce qui se void fort clairement deslors que le feu s'y prend; de mesme le sel armoniac & le Tartre ne se peuuent aussi accorder; or donc lors que le sel armoniac est conioinct auec l'huille de Tartre son ennemy, c'est auec vn plus grand debatement, durant lequel, l'or, qui au preallable a esté dissout, tombe en ceste eau regalle, & l'huille de Tartre se debat auec l'esprit de l'armoniac grandement purifié; lequel parmy ce debat se conioinct auec son aduersaire, le soulphre du Soleil; & parce que ce soulphre du Soleil est grandement bien purifié par la nature, & plus subtil de beaucoup que le nostre commun, ce n'est pas sans raison doncques s'il opere auec plus d'efficace, & moindre quantité.

Ceste chaux mise dans l'huille de sel se liquefie en façon de beurre; cela se faict à cause de la demeure des esprits secs du nitre, toutes-

fois

fois cela n'est pas vne propre & radicalle solution, parce que par apres il se peut reduire en corps.

C'est iusques icy mon experience, laquelle i'ay autresfois faict en presence de nostre tres-Auguste Empereur Rodolphe II. & quelques Medecins des plus experts de son Empire.

S'ensuit la procedure de l'or potable que l'on m'a enseigné laquelle i'ay promis deduire aux amateurs de la Chymie.

PRens vrine d'homme lequel soit en bon estat, & qu'il ne boiue point d'eau, rien que du vin ; de ceste vrine aye en enuiron vingt pintes, lesquelles mettras dans quelques alembics de verre; de ces vingt mesures en faut tant oster de phlegme par le bain Mariæ, qu'il n'y en demeure qu'vne de reste : iette le phlegme que tu auras tiré, car il ne sert en rien ; apres mesle le reste, & le faict distiller au sable, tant qu'il pourra tirer ; sur la fin augmente le feu, & tu verras qu'il se sublimera quelque peu, mesle ce sublimé auec l'esprit qui aura esté distillé, & oste le sel qui sera de reste au fonds; l'esprit distillé duquel il y en aura quasi vne pinte sera d'vne odeur fort puante, rectifie-le par le bain, ayant reserué à part la premiere quarte partie qui sera sortie, laquelle est la plus forte & meilleure.

Apres prens eau de pluye, ou de fonteine, bien recente (i'entens l'eau de pluye) laquelle tu mettras auec l'esprit que tu as reserué. Note qu'il qu'il faut qu'il y aye quatre fois plus pesant d'eau que d'esprit; adapte ton recipient pendant que les gouttes aigres commenceront à tomber, desquelles vne partie tombe en forme de glace: cela estant faict, il y faut remettre d'autre eau de pluye ou de fonteine, & le faire distiller pour la seconde fois, que s'il ne tombe plus d'acidité, cesse d'y mettre d'eau pour la troisiesme fois: l'esprit d'vrine vient le premier, & l'eau de pluye, ou fonteine demeure au fonds auec la puanteur. Apres cela prens vne partie de cest esprit d'vrine distillé, auec autant d'esprit de vin, lesquels mesleras ensemble, & les feras demeurer vn iour & vne nuict de la façon dans le verre à petit feu; cela faict, distille ces deux esprits lesquels s'incorporeront & de deux n'en sera qu'vn, lequel tu garderas pour ton vsage.

Maintenant il est requis l'huille de sel, duquel voicy la preparation.

PRens sel fusé autant que tu voudras, & le mets dans vne retorte bien lutée, y adaptãt vn recipient assez ample, bien clos & bouché aux ioinctures; l'esprit du sel sort durant le temps que le sel demeure à son flux; Que si tu lutes le recipient, tu y pourras mettre d'eau dedans, à fin que les esprits qui sortent se meslent plustost auec icelle; toutesfois il faut rectifier quelquesfois l'esprit sur le sel fusé auant que d'en vser; ceste rectification se faict à fin que ledit esprit en soit tant plus fort, car de soymesme il est trop debile pour ceste operation.

Cela

Cela faict prens du *calx Solis*, ou chaux du Soleil susdite, & y iette dessus vn peu d'huille de sel, & à fin qu'il se dissolue mieux, tire vne autre fois l'huille du sel, & puis le renuerse dedans le verre auquel sera ce *calx Solis*; reïtere cela iusques à ce que tu verras que la matiere sera toute huilleuse, & bien dissoute.

En apres prens vne partie de ceste solution, & autant d'esprit d'vrine preparé comme i'ay dict, & le iette dessus les autres choses goutte à goutte, bouchant tousiours l'orifice du verre, iusques à ce qu'il ne mene plus de bruit. Mets incontinent le tout en putrefaction à la chaleur lente du bain, durãt l'espace de quatre sepmaines, lesquelles expirées le distilleras au sable gardant tousiours les degrez du feu, iusques sur la fin que la retorte sera toute rouge, alors la plus grande part de l'or monte en poudre, laquelle tu garderas sublimé auec grand soin & diligence.

Pour l'huille de sel il est desia sorty de soy-mesme lequel il faut mettre apart. A la parfin prens le sublimé du *calx Solis*, & y iette dessus d'esprit de vin lequel se colorera estant mis en vne lente chaleur; si tost qu'il sera coloré, oste le par inclination, & y en iette d'autre, continue cela iusques à ce que l'esprit de vin sort clair sans teincture. C'est esprit de vin se peut attirer iusques qu'il n'y demeure que l'huille; ou bien ainsi teinct comme il est, il se peut garder pour l'vsage de Medecine. Il faut dissoudre encor vne autre fois le *calx Solis*, dans la retorte auec l'huille du sel, & le faire digerer comme dessus,

dessus, continuant cela iusques qu'il n'y reste plus d'or.

Mais si l'esprit de vin demeure quelques sepmaines en digestion auec la teincture du *calx Solis* qui a esté extraict, alors il se faict l'or volant ou volatille, qui monte au col de l'alembic.

Qui voudra, pourra faire la preuue de ceste procedure; si par hasard la solution estoit rouge ce seroit le meilleur, car à la verité les solutions de l'or lesquelles se font iaunastres par les corrosifs ne meritent pas d'estre appellées solutions radicalles, veu qu'elles noircissent le vase d'estain ou d'argent auquel elles sont infuses, ce que ne peuuent faire les solutions vrayement philosophiques, lesquelles sont tres-rouges. Outre plus les metaux imparfaits reignent, & ne se peuuent reduire en corps si ce n'est par proiection.

Raymond Lulle dict qu'il vaut mieux manger du feu ardent, auec les yeux d'vn Basilic que d'appliquer le venin de l'or potable, s'il n'est faict comme il faut: car l'or sophistiqué est tout remply d'impuretez par le feu, ce qui est contre la nature: car incontinent la chaleur naturelle se dissout & mortifie, par les choses aiguës & contraires à la nature humaine, & les esprits du cœur (ausquels la chaleur naturelle se conserue) se resoluent. A raison dequoy P. Seuerin en son traicté qu'il a faict *de Idea* asseure que ses proprietez, & les baulmes des corps plus parfaits, sont tellement enfermez dans l'estroicte prison du corps (à cause de la

Qui l'aura essayé vne fois, n'y retournera iamais pour la seconde.

parfaicte combination des elements) qu'ils ne peuuent en aucune façon tesmoigner la faueur & bien-vueillance qu'ils portent à la nature. Il est doncques besoin de faire vne manifestation du secret, parce que toutes les herbes & metaux (quant à l'interieur) ne sont que sang & de couleur sanguine; & par ce moyen peuuēt facillement changer nostre sang, & l'esleuer à leur complexion; de mesme les vertus des coraux, des perles, des pierres precieuses, de l'or, de l'argent, & des autres metaux regretent d'auoir esté mis au monde, & accusent sans cesse la damnable temerité des hommes, de ce qu'ils ont peruerty leur belle & saincte predestination en des miserables & infames vsages; car elles sont contrainctes de couurir l'impureté des corps, les deffauts d'esprit, les malheurs de la superbe, auarice, la luxure, perfidie, & adultere: voire qui pis est, sont grandement attristées de ce qu'on les a contrainctes, à seruir d'instrument mortifere: Celuy qui fauorisé de la Diuine bonté a atteint la fonteine de l'vniuersel menstrue, celuy dis-ie, selon le fidelle rapport des Philosophes, pourra naturellement & radicallement reduire par mesme moyen non seulement les metaux, mais encore les pierres tant nobles qu'ignobles, ou mineralles, à leur forme premiere, & les rendre potables, les feces estant separées au fonds: dequoy le sage Medecin pourra vser selon l'exigence de la maladie, & ce sera auec vn succez inesperé, semblant plustost miraculeux que naturel.

Il faut necessairement que la mort precede la regeneration.

En ce lieu tres-cher Lecteur ie te veux donner

ner aduis des impostures, desquelles quelques affronteurs se peuuent seruir, en ce qu'est de l'or potable ou volatille. Ie l'auois vne fois communiqué à vn certain Philosophe, lequel masqué de sincerité & pieté, couuoit dans son estomach la malice d'vnCrocodille; car comme ie luy auois donné aduis, apres qu'il luy auoit osté la force de bruire, par la poudre de soulphre; au dommage de plusieurs personnes, il voulust entreprendre la multiplication de l'or. Ce mesme pendard, apres qu'il eust apris de moy, que l'argent dissout en vraye eau separatoire & battu en eau commune sallée, laissoit vne certaine poudre blanche au fonds, laquelle adoucie & mise au feu sur la lamine se liquefioit & representoit vne Lune cornuë; pour parfaire son damnable dessein il mettoit ceste Lune cornuë auec du plomb, ou autres mineraux, & par ceste miserable imposture, il faisoit à croire qu'il auoit la vraye transmutation de Iuppiter, Saturne, & Venus en Lune.

STOMACHIQVE.

Huille de vitriol, de Venus, & Mars.

La maniere de faire le Vitriol de Venus & Mars sans corrosion.

TOut le principal de l'artifice c'est que le metail soit bien calciné par le soulphre. Prens Mars laminé, ou Venus autant que tu voudras (car l'operation des deux est de mesme) fends les en petits lopins, lesquels tu accommoderas l'vn sur l'autre en vn creuset auec poudre de soulphre. Il ne faut pas qu'au commencement le feu touche ledit creuset, mais l'approchant peu à peu accroistras le feu & le fortifieras bien sur la fin; alors les lamines se calcineront en ceste façon, & cela se faict dans vne heure. Lors que tout est faict, il faut oster la matiere noire, laquelle ressemble aux cendres de cuiure bruslé; & l'ayant bien pilée passe-la au tamis. Prens apres ceste poudre, & la mets dans vn pot ouuert qui ne soit pas vitré, le mettant à trauers (comme à la preparation de l'antimoine) remue-le diligemment sur le feu de charbon, à fin qu'il ne se liquefie pas; & à fin que le vitriol s'en aille en cuiure, le soulphre alors s'allume ou euapore. Note qu'il faut bien remuer d'vn costé & d'autre ta matiere auec vn instrument, ou baston de fer ou de cuiure; & quand tu verras que la matiere se veut prendre contre ton baston, ce sera vn signe que c'est assez, & qu'il la faut oster du feu. Pese ceste chaux de Venus puluerisée, & pour chasque liure mets pour le moins vne once & demy de soulphre, lesquelles choses calcineras encor comme auparauant par l'espace d'vne heure; & faut reïterer ceste calcination six ou sept fois, à fin qu'elle soit à sa perfection. Note qu'il faut que la chaux soit tousiours bien sechée, y mettant le susdit poids d'vne once & demy de soulphre puluerisé. Apres la reiteration de calcination de six ou sept fois, prens ceste

ceste chaux de metail bien pilée ; & la mets dans vn plat de bois, ou elle se dissoudra & l'eau de Venus sera iaune, laquelle il faut couller, & apres l'euaporer sur vn feu mediocre, iusques à ce que tu verras s'y former comme vne crouste ; oste le reste, & le mets en vn lieu froid, ou il fera sa concretion, alors tu auras de tres-beau vitriol de Venus iaune, & du fer verd. Seiche les feces qui demeurent au fonds de l'eau, & sans les dissoudre, remets-les calciner auec le soulphre comme auparauant, obseruant les mesmes doses; apres mets-les dans la lexiue ou eau, laquelle euaporeras par le filtre; reïtere cela iusques à ce que la chaux soit reduite en lexiue. De là mets le tout dans vn grand vase de terre à distiller, ou dans vne retorte, te prenant garde qu'elle ne rompe ; fais l'euaporer, iusques à ce que tu verras la crouste, comme i'ay dict cy-dessus. quoy faict, mettras ton reste en lieu froid, & alors le vitriol de Venus tombera au fonds en forme d'vn chanfrein creux, d'vn goust tres-doux ; oste l'eau tout incontinent, & seche ceste matiere crystalline qui est au fonds ; apres cela, remets ton eau au feu, puis à la froideur ; continuant iusques à ce que toute ton eau sera changée en vitriol : on y peut mettre des petits bastons dedans, à fin que le vitriol s'amasse mieux, & plustost, duquel tu garderas le soulphre qui sera de reste au fonds, pour t'en seruir à ton besoin.

On peut tirer l'huille & les esprits de ces deux vitriols de Venus & Mars, mais à la façon accoustumée qu'il les faut tirer ; l'auantage qu'il y a, c'est que l'huille & l'esprit sont de plus grande efficace que de l'autre vitriol simple.

En ceste façon l'on peut auoir la fonteine aigre artificielle : quant au soulphre qui est demeuré au fonds, c'est le vray vinaigre qui se peut manger, sans qu'il aye aucune corrosion en soy ; lequel ainsi preparé, est le vray secret pour appaiser les douleurs du ventriculle. Voy ce qu'en dict Theophraste au Liure qu'il à faict *de Vita longa*, & au Liure *de Tartaro*, sur la fin.

Les forces & vsage de cest huille de Vitriol.

Paracelse l'appelle quarte partie de la Pharmacopée, & conseille à chasque Pharmacien de le tenir en sa boutique comme la pierre angulaire d'icelle.

Premierement, on en vse de six à huict gouttes dans du vin, ou eau de Mente, ou pour le mieux dans du jus de chair chaud ; & c'est pour ceux qui sont tellement debilles qu'ils ne peuuent faire digestion qu'auec grande peine.

Il sert grandement à ceux qui sont atteints du calcul, & grauelle, & pour ce mal il se prend dans l'eau d'Arrestebœuf.

Pour les suffocations de matrice, le faut prendre dans l'eau d'Artemise.

Pour les fieures, chaleurs, & soif, en faut prendre douze ou quinze gouttes dans les eaux de centaurée, roses Anthos, ou dans du vin.

Pour

Pour toutes les douleurs de teste de quelle cause qu'elles viennent, la faut prendre dans d'eau de lys, que les Latins appellent *Rosa Iunonis*, à cause du laict espandu ; ou dans d'eau de lauende.

Pour l'Icteric, il en faut prendre quinze ou vingt gouttes dans l'eau de chelidoine auec la sueur.

Pour la peste, il le faut mesler auec le sucre candy, & electuaire de genieure.

Ceux qui sont tourmentez par l'onction du Mercure en peuuent vser meslé auec le Theriaque, & en seront gueris par sueurs.

Si ceux qui sont atteints & tourmentez du mal de teste dict *Alopecia*, ou de quelle tigne que ce soit, s'en frottent la partie durant quelques trois ou quatre iours, ils en seront gueris pour asseuré, quelques vns les meslent auec l'eau de chelidoine susdit.

Il guerit toute sorte de dertres, roignes, desmangeaison, & tout ce qui a coustume de se rendre adherant à la peau, comme male-tigne, syrons, &c. toutesfois il faut faire l'onction sans pitié, car il ne faut nullement espargner le malade.

Personne ne peut recouurer la santé sans douleur, de mesme que la femme enceinte, laquelle n'est iamais en bon poinct qu'elle n'aye senty la douleur de son enfantement.

On en peut vser apres que l'on s'est purgé auec des eaux appropriées, & c'est presque en toute sorte de maladies que ce soit, car il deffend & empesche de toute putrefaction par son acidité, outre qu'il deschasse les obstructions.

La dose dudit huille de vitriol.

Cest huille est d'vn goust asses aigrelet, & se donne dans des eaux specifiques, pour le regard de la quantité c'est iusques à ce que l'on sent, le mettant à la bouche, qu'il peut agasser les dents.

Il ne faut pas le prendre seul, ains tousiours auec vn viatique ; ce que n'entendit pas vn quidam Chymiste, lequel ie ne veux nommer, qui pensant faire vn plaisir signallé, à vn de ses amis, luy arracha non seulement la maladie, ains la vie auec, pour luy en auoir donné trop grande quantité : doncques il en faut vser auec prudence & le remuer fort & ferme lors que l'on en veut vser, car il s'en va droict au fonds à cause de sa pesanteur, la dose donc soit à ton iugement & prudence.

ADVERTISSEMENS.

A cause de son acrimonie, il proffite au ventricule languide (auquel, toutesfois il n'y a point de cholere ou aposteme) & de faict il faut que les bilieux, & choleriques s'en abstiennent, à cause du dommage qu'il leur apporteroit ; car le meslange de la bile noire ou *atrabile* auec c'est huille, ne causeroit que des ebullitions grandes, ne plus ne moins que l'huille de tartre, & l'eau fort.

Or donc, il faut que celuy qui en veut vser auec le viatique conuenable le prenne chaud, & apres qu'il se tienne dans le lict, & permette

la

la sueur ; car nous voyons son operation plus apparente & asseurée estant exhibé chaud que froid.

D'auantage l'huille de vitriol teint, & maintient en belle couleur & viue estant meslé auec,

Suc de roses communes.
Suc des fleurs de pæonia.
De pauot sauuage.
L'extraict d'Alkermes.
Et l'huille de geroffle.

Il y en a beaucoup qui se glorifient d'auoir tiré l'huille de vitriol, doux comme celuy d'antimoine ; toutesfois il me sera permis de n'en rien croire, non plus que du soulphre fixe, auquel Paracelse attribue & donne des vertus incomparables.

L'huille de vitriol de couleur smaragdine est d'vn grand vsage en medecine.

Cest huille de vitriol se peut preparer en ceste façon ; si on distille le vitriol purifié, à feu ouuert ; & qu'apres l'extraction & purification du sel de la masse morte (lequel sel il ne faut pas d'auantage calciner) on le mesle auec la susdite liqueur au bain, le circulant durant quelque temps.

Cest huille opere en diuerses façons, sçauoir par vomissemens, selles, vrines, & sueurs.

La dose dudict huille.

La dose pour l'ordinaire doit estre de six, huict & douze gouttes selon la temperature du malade, il le faut exhiber en quelque liqueur conuenable.

Vterin pour le ventricullc.

L'artemiſe a la vertu & puiſſance de deſopiller toutes les obſtructions des femmes, meſmes on en purge la matrice auant les menſtrues, & apres l'enfantement, miſe en decoction, & y ayant meſlé deux gouttes d'huille de Succin.

Elixir pour le ventre.

Prens Caſtoreum demy liure.
Saffran deux onces.

deſquels tu tireras ſeparement les teinctures auec l'eſprit de vin; quoy faict tireras ton eſprit iuſques à ce qu'il ne demeure que les extraits, leſquels meſleras enſemble, y adiouſtant

Extraict d'Artemiſe quatre onces.
Sel de mere des Perles vne once.
Huilles { D'angelique.
D'anis.
De Succin ana deux drachmes.

Mets tout cela apres en digeſtion par l'eſpace de huict iours.

L'vſage & la doſe.

La doſe de ceſt Elixir eſt d'vn ſcrupulle à deux, & ſur le champ il guerit l'Icterie & paroxiſme, & empeſche leſdictes maladies, ſi on vſe la meſme doſe vne fois le mois.

La

La poudre de Paracelſe pour les dertres ou cals des iumens eſt extremement bonne pour la ſuffocation de matrice; ſi ceux qui ſont trauaillez de l'Icterie en reçoiuent la fumée durant le mal, ſuffit; pour oſter toutes les ſuffocations de matrice quoy que deſeſperées en faut faire le meſme: cependant on peut prendre par la bouche l'eſprit de vitriol auec le ſel de coral meſlez dans eau d'Artemiſe ou Meliſſe.

Extraict de ratte de bœuf.

PAracelſe faict mention de ceſt extraict aux Archidoxes de ſon Liure des Myſteres, d'autant qu'il empeſche les obſtructions de la ratte, & prouoque les mois aux femmes.

Il faut donc prendre la ratte d'vne vache chaſtrée & la fendre en petites trenches ou lamines, leſquelles tu battras durant quelques iours dans l'eſprit de vin, ou il y aura de la Myrrhe, & apres les laiſſeras ſecher en l'air.

La procedure à fin de l'empeſcher de corruption doit eſtre telle que ie t'ay dict, car autrement tu ne la ſçaurois empeſcher de corruption. Quand elle ſera ſeiche, il en faut tirer l'eſſence auec l'eſprit de vin, y ayant ietté dedans quelques gouttes d'Angelique.

La doſe dudit extraict.

La doſe ordinaire pour ſe ſeruir bien à propos de ceſt extraict ne doit eſtre que d'vn ſcrupulle en eau appropriée.

Obſer

Obseruations.

Pour la prouocation des mois, il se faut prendre garde au temps qu'ils auoyent accoustumé de venir à la personne malade, car alors les douleurs de reins, & des flancs ne manquent d'arriuer; donc c'est en ce temps-là qu'il le faut donner, car auec l'assistance de la nature, on est asseuré de recouurer l'entiere & parfaicte santé.

Sel de Iupiter.

Prens cendres de Iupiter preparées à feu ouuert sans aucune sophistication, desquelles tu tireras le sel en vinaigre distillé, & apres l'adouciras auec eau de pluye distillée, le filtrant & euaporant lentement au bain par sept diuerses fois, ou enuiron.

Les forces & vsage auec la dose du sel de Iupiter.

C'est vn secret tres-admirable pour la suffocation de matrice frottant chaudement le nombril de ce sel, car si tost que la matrice sent la chaleur elle se remet en son lieu, & n'en bouge plus.

La dose dudit sel.

La dose est du poids de trois grains durant trois ou quatre matins consecutifs, en eau d'Artemise, ou autre eau cordialle.

Eau singuliere dans laquelle le sel susdit se donne aux hysteriques.

Prens { Racines de Diptami.
Semence de Daucus ana vne once.
Canelle choisie.
Cassia lignea.
Melisse ana deux scrupulles.
Saffran Oriental vn scrupulle.
Castoreũ recent vn scrupulle & demy. }

De toutes ces choses meslées, fais en vne poudre, laquelle mettras dans vne liure & demy d'eau de rue, & la laisseras quatre iours en infusion; apres cela les feras distiller au bain Mariæ, puis garderas ce distillé pour ton vsage.

Il faut mettre la pesanteur de trois grains du susdit sel de Iupiter dans vne cueillerée de ceste eau vn peu chaude, continuant l'espace de trois ou quatre matins consecutifs, auant que manger, & s'abstenir durant trois heures apres; c'est le vray moyen pour guerir de la susdicte maladie.

Pour les fieures.

Si la fieure est engendrée des humeurs Mercurialles, elle abhorre le vin.

Si des humeurs chaudes, font vomir tout ce qu'on mange.

Si de son sel propre, s'ensuit le degoustement.

Si du foye, le malade est grandement alteré & alors faut proceder & faire la cure par le Laudanum.

Si

Si de l'estomach, le malade est paresseux, sans alteration, desireux de flairer tout; & celle-cy se doit guerir par le corail.

Premierement, la purgation est requise auec le Turbith mineral, ou le Panchymagogue, ou les fleurs blanches d'Antimoine; car la poudre suiuante doit estre donnée apres la purgation & expulsion de la matiere peccante.

La poudre.

Prens de ces coquilles longues que l'on treuue sur les bords des lacs ou estangs, & les mets tremper dans le vinaigre vne nuict entiere, il se fera comme vne moisisseure, ou roüilleure, laquelle tu arracheras auec des burins, ou autres fers propres; apres prens ces coquilles & les fais calciner, iusques à ce qu'elles soyent toutes blanches, desquelles faut faire poudre.

Dose & vsage de ladite poudre.

La dose asseurée est de deux scrupulles durant le paroxisme dans vn verre de ceruoise chaude, auec vn peu de beurre frais : à grand peine le prend on deux fois, parce qu'à la premiere on en est ordinairement guery par sueur; à raison dequoy il faut que le malade attende la sueur dans le lict apres la prinse.

Note que selon Paracelse, il faut que les febricitans prennent leurs medicaments durant le paroxisme ou accez, ou vn peu deuant, afin qu'ils operent ensemblement auec ledit paroxisme.

Prens

Prens Huille de vitriol vn scrupulle.
Sel d'Absynthe vn scrupulle & demy.
Eau de cichorée vne once, & mesle le tout.

Ayant prins ce breuage, il faut que le patient attende la sueur au lict, bien couuert, car il deschasse toute sorte de fieures; aux plus robustes on donne cela tout entierement, mais à ceux qui sont debiles, il n'en faut donner que la dose suiuante.

Huille de vitriol demy scrupulle.
Sel d'Absynthe vn scrupulle.
Eau de cichorée vne once.

Mesle-le tout ensemble, & procede comme dessus.

Pestilentiel, ou Elixir pour la peste.

D'Autant que pour l'ordinaire la peste est vn particulier fleau de Dieu, il faut premierement tascher de se reconcilier auec luy, & auec son prochain, moyennant vn ferme propos d'amender sa vie, & apres il faut vser des remedes suiuants.

Prens trois onces de fleurs de soulphre preparées Spagyriquement ou Chymiquement, comme tu apprendras cy-apres; mets-les dans l'huille de grains de genieure rectifié par le bain; il faut que l'huille surnage les fleurs de soulphre, pour le moins l'eminence de trois ou quatre doigts; de ceste mesme façon l'on peut faire le baulme de soulphre, la teincture duquel

quel tirée par l'esprit de vin sert grandement aux asthmatiques; huille de Succin purgé de la vehemence de son odeur par vne tierce rectification au bain.

Prens donc cest huille, & en mets la quarte partie dans l'huille des grains de genieure, les laissant demeurer au feu des cendres, ou de sable le remuant tousiours, à fin que les fleurs se puissent dissoudre & liquefier lentement sans adustion; apres cela prens vne liure de Theriaque de Venise, de laquelle tu tireras la teincture auec du tres-bon esprit de vin, laquelle teincture tu garderas à part apres qu'elle sera separée de l'esprit. Du mesme esprit separé tire les teinctures des racines d'Ele ni Angelique, & des grains de genieure brisez; il faut qu'il y aye autant de l'vn que de l'autre. Apres que tu auras tiré en vne ces trois teinctures, mesle-la auec la teincture du Theriaque; puis verse la dedans les huilles de genieure, de succin, & des fleurs de soulphre filtré au papier. Cela faict circule-le à la lente chaleur des cendres, l'espace de quatorze iours, & tu auras vn secret lequel opere pour la peste, & maladies epidemiques, en telle façon qu'il semble plustost vn miracle qu'vn effect naturel.

L'extraict d'Enulla cãpana, surpasse presque le soulphre pour la peste.

Les forces & vsage auec la dose du pestilentiel.

Quant aux forces ie n'en puis dire autre chose sinon que c'est vn preseruatif & curatif pour la peste, le plus admirable du monde.

La dose.

La dose.

La dose est d'vne ou deux gouttes pour le plus, tous les matins dans du vin, ou vinaigre, ou bien huict ou dix gouttes toutes les sepmaines auant que manger, attendant apres la sueur.

Il preserue de pourriture, & ne laisse aucune impureté dans le corps.

Si on est atteint de peste, il faut incontinent en prendre vn ou deux scrupulles dans du vin, ou vinaigre de rue, ou autre liqueur appropriée; alors il faict grandement suer, & chasse tout le venin qui est au corps.

Les fleurs du Soulphre.

En faict de medecine on ne se sert aucunement du soulphre crud, si ce n'est de celuy qu'on treuue dans les mines lequel s'appelle *Scissile*, c'est à dire facille à couper, lequel a presque les mesmes vertus que les fleurs preparées artificiellement; car ce que les fleurs ont artificiellement par le feu, ce soulphre l'a naturellement; d'autant que les parties plus legeres & subtilles du soulphre, tiennent le lieu plus eminent, & par ainsi se cuisent d'auantage. Doncques puis que le *Scissile* est aux mains, il est permis d'en vser au lieu des fleurs, mais despuis que la nature n'en donne & produict que bien peu, les Medecins Chymiques ont treuué l'inuention d'en auoir d'auantage par la faueur de l'artifice.

Aux champs de Cracouie, & en Pologne, s'en treuue de tout purifié naturellement. Au temps passé s'en treuuoit encor au Royaume de Naples proche des puits du mont Vesuuius* qui brusle perpetuellement, lequel i'ay moy-mesme veu. En ce lieu là le soulphre sue des pierres comme rosée; ces fleurs là sont tres-douces, desquelles, si on en pouuoit auoir quantité, les Chymiques en feroyent vn medicament admirable.

* Vne montagne en Champagne.

Là, le soulphre se faict apres que par la force du feu il est separé des pierres & de la terre.

Proche de Salinsburg aux mines de cuiure, ou l'on cuit le vitriol des mines, le soulphre s'enuolle de la fournaise, lequel par apres se prend au fourneau en façon de folle farine, pour lequel cueillir, il faut faire vne fumiere bien à propos : ces fleurs du soulphre sont tres-bien purifiées, & deslors qu'il est sublimé dans la mine de vitriol, il retient encor quelque acrimonie auec soy.

On peut commodement vser de celuy-la, à faute des fleurs Chymiquement preparées.

Prens vne liure de soulphre tres-blanc, car celuy qui est rougeastre, a en soy beaucoup d'Arsenic & de Realgar, & ne doit seruir en aucune façon pour la medecine.

Sel fusé vne demy liure, l'ayant auparauant rendu fluide dans le creuset, & incontinent qu'il a passé & coulé, le faut faire refroidir dás vn mortier, ou bien sur vn marbre. Vitriol Hongarique purifié & calciné, demy liure; mets apres le tout en poudre ensemble, & le mesle bien; cela faict iette la mixtion dans la courle de verre laquelle aye le col mediocre, ny trop

trop grand, ny trop petit, lutée toutesfois, laquelle tu mettras dãs vn alembic haut auec son recipient adapté selon l'art ; Or apres tu mettras ton alembic aux cendres, ou au sable ; il faut qu'il y aye telle quantité de sable qu'elle puisse couurir l'alembic, d'autant que la partie superieure venant à s'eschauffer pourroit liquefier les fleurs, & si par hasard l'alembic venoit à se refroidir, on ne le pourroit oster, si ce n'est qu'on le rechauffast ; mais si le chapiteau ioignoit bien, il ne seroit pas besoin de le luter, toutesfois on y peut appliquer tout autour vn peu de farine paistrie ; quoy faict donne luy au commencemẽt vn feu lent, trois heures apres le phlegme commence à distiller & sortir & dure enuiron quatre ou cinq heures. Il faut augmenter insensiblement le feu, auec des gros charbons, si bien qu'en fin la terrine, dans laquelle le sable est, rougisse de chaleur ; que si par hasard tu continues ton feu, en telle façon qu'il semble que le soulphre coule dans l'alembic, ta sublimation en sera plustost faicte & paracheuée ; il ne faut pas toutesfois que le feu soit excessif, car il ne seroit pas de couleur iaune ains noirastre.

Incontinent apres, il faut oster les fleurs montées, tenant tousiours vn papier ou carton dessous, de peur que leuant le chapiteau, lesdictes fleurs ne tombent au sable, & cependant (si la courle est trop chaude) il la faut bien couurir, à fin que le soulphre ne s'enflamme, par l'entrée de lair, comme souuent arriue. Il faut remettre le chapiteau sur l'alembic & apres continuer le feu l'eſpace de dix heures entieres.

La ſublimation acheuée, il faut laiſſer refroidir le tout, & apres prendre les fleurs qui seront dans l'alembic, & les meſler auec les autres. En quelle ſublimation que ce ſoit, il faut que la maſſe ou chef mort demeure poreux, & que facillement il ſe puiſſe briſer, qu'il ne bruſle plus eſtant ietté au feu, car alors ceſt ſigne qu'il n'a plus de bonne ſubſtance en ſoy.

Cela parfaict ; meſle ces fleurs auec le ſel neuf, & le vitriol, gardant touſiours la ſuſdicte proportion, & pourſuit de la meſme façon que tu as faict auparauant ; car les fleurs ſont d'autant plus ſubtilles, legeres, & pures. Continue ceſte reïteration iuſques à la troiſieſme fois, quoy que tu ſois aſſeuré d'auoir moins de fleurs ; car de trois liures tu n'en auras que vingt onces. Il te faut arreſter à la troiſieſme fois, parce que (contre la diminutiõ) les parties plus vtiles du ſoulphre ſe rendent fixes.

Prens ces fleurs à la moytie des gommes ſuiuantes, bien triées & miſes en poudre tres-ſubtille, laquelle tu conſerueras pour ton vſage : comme enſeigne fort bien Paracelſe au Liure Paragraph. & au Liure de la Nature, liure & chapitre *de ſulphure*.

Prens donc fleurs de ſoulphre ſimples eſleuées trois fois dãs l'alembic vne once & demy.

Myrrhe triée vne drachme.
Aloës epatique vn ſcrupulle.
Saffran quinze grains.
Terre ſigillée vn ſcrupulle.
Sucre ; iuſques qu'il y en aye aſſes.

Le

Lequel ſucre, il faut diſſoudre en eau roſe, ou eau pectoralle, & de cela tu en feras vne maſſe pour faire & mouler des pillules.

Tu ſublimeras l'autre partie de la façon qui s'enſuit, quoy que quelques vns croyent que les gommes ſe bruſlent à la ſublimation; mais ie t'aſſeure que l'eſleuation ſe fera ſans aucune aduſtion.

Prens deſdictes fleurs vne liure & demy.

Colchotar ſix onces.

Sel fusé cinq drachmes.

Myrrhe d'Alexandrie.

Aloes ſuccotrin purifié quatre onces.

Maſtich trois onces.

Saffran demy once.

Toutes ces choſes pilées enſemble, & bien meſlées, ſoyent miſes au ſuſdict vaſe, s'il n'eſt pas rompu; ou dans vn autre neuf, y adiouſtant l'alembic, lequel il faut mettre au fourneau, eſtant accommodé, il faut faire ton feu comme à la premiere fois; ou ayant demeuré douze heures, il faut oſter les fleurs, & puis remettre l'alembic, & le laiſſer l'eſpace de douze heures encor, continuant touſiours ton feu. Mais note qu'il n'y faut pas tant mettre de matiere dedans, de peur qu'elle ne bruſle. Ta quantité aſſeurée ſoit doncques de trois ou quatre doigts en eminence, & alors tu pourras auoir enuiron onze onces de fleurs, d'vne liure de matiere; que ſi tu vois que tu n'en ayes ce que ie dis, remets ton alembic au feu & pourſuy encor l'eſpace de douze heures & tu tireras ce que tu deſires.

Il faut garder, & mettre à part les eaux distillées de chasque sublimation, tant des simples fleurs du soulphre, que des autres composées. Il est necessaire d'en faire vne rectification au bain boüillant, & qu'apres tu les mesles auec l'eau qu'est sortie des dernieres fleurs composées : car celle-cy n'a pas tant besoin de rectification, & est de couleur de laict, vn peu aigrelette.

Cela faict garde là à part qu'elle ne se mesle point auec l'huille noirastre qui a accoustumé de suiure incontinent apres.

Ceste eau s'appelle *Ens* ou *laict de baulme*, l'vsage de laquelle est de mesme que des fleurs de soulphre, & sert grandement pour

La peste.
Les fieures.
Pleuresis.
Colliques.
Douleur de poulmons.
Obstructions de foye.

La dose est selon le iugement du sage Medecin qui cognoist & regarde le naturel de son malade.

Les forces, vsages & dose des fleurs de soulphre.

Ces fleurs sont vn preseruatif & curatif admirable pour la peste, car elles resistent à l'impression, & preseruent de la putrefaction : elles operent miraculeusement au temps de l'infection meslées auec l'extraict *d'Enulla campana.*

La

La dose est d'vne drachme entiere en eau de Chardon benist, ou auec la Theriaque, ou auec vne once de Syrop de Citron, ou deux onces d'eau de Melisse. Ce breuage preserue & guerit

De la peste.
Des pluresis.
Des apostemes.

Et de toute autre putrefaction sans autre medecine, ne plus ne moins que le πολύχρηστον.

L'vsage quotidien de ces fleurs est le vray προφυλακτικὸν de toutes les maladies, & de leurs accidents : d'ailleurs c'est le conseruatif de la santé naturelle.

On s'en peut seruir en toutes les maladies lesquelles ont besoin d'vne efficace exsiccation comme

Pour {
La verolle, car elles amenent brauement à sueurs.
Pour toutes les affections des poulmons, comme Asthmes, toux vieilles, inueterées & recentes.
Catharres tombans sur la poitrine.
Phlegmatiques.
Colliques.
Et pleuresis.
}

D'ailleurs elles seruent admirablement,

Pour {
Les apostemes & putrefactions du corps humain.
Toutes fieures.
}

En fin c'est vn preseruatif le plus admirable que iamais la nature aye peu produire ; car elles ostent incontinent toutes les impuretez febricitantes & peripneumoniques.

Ces fleurs sont encore vn preseruatif pour l'epilepsie ; outre-ce elles conseruent le vin meslées auec iceluy, elles empeschent aussi la generation du calcul.

La dose.

Aux robustes, il en faut donner vne drachme, mais aux ieunes & foibles se faut contenter de demy drachme, car c'est asses pour guerir le mal.

Ceux qui s'en veulent seruir pour preseruatif, ont coustume d'en prendre seulement huict ou dix grains.

On en peut encor faire des tablettes meslées auec le sucre, gomme Tragacant, & eau pectoralle.

Il se faut prendre garde de n'en donner point (non plus que de l'huille) aux femmes enceintes, car incontinent elles prouoquent les mois.

Eau Theriacale.

Prens {
Theriaque de Venise cinq onces.
Myrrhe rouge d'Alexandrie deux onces & demy.
Canelle triée.
Saffran de Leuant entier ana vne once & demy.
Camphre deux drachmes.
}

Mesle ces choses auec l'esprit de vin bien rectifié, & si par fortune tu auois de semence, ou raci racine d'Angelique, il seroit meilleur preparé auec cela. Il faut que l'esprit de vin surnage à l'eminence de trois ou quatre doigts : apres tire la teincture, par le verre clos à la lente chaleur des cendres ; cela faict oste l'esprit teinct, par inclination & y en remets d'autre, continue cela iusques à ce qu'il ne sorte plus teinct, tire par apres au bain la moytie de c'est esprit, laissant le reste auec l'essence extraicte, à laquelle tu adiousteras six onces d'esprit de tartre, & le laisseras ensemble l'espace de huict ou quatorze iours, le circulant tous les iours sans faillir & par ce moyen se digerera.

Ses vertus & vsages auec la dose.

On en vse auec admiration pour la peste, pourueu que le malade en prenne de douze en douze heures, vne cueillerée, dans du bon vin : & qu'il endure la sueur durant trois heures, & qu'il ne mange de six heures apres la potion.

Elle purge la teste, la poictrine & tous les principaux membres du corps, les confortant grandement, chassant & guerissant les vlceres qui s'y pourroyent rencontrer ; & de faict les ayant gueris empesche qu'ils ne soyent pas si facillement reblessez.

Ceste eau apporte encor du soulagement à ceux qui ont esté frottez auec le Mercure, car par vne singuliere vertu elle penetre les nerfs, muscles, iusques à la moüelle dans les os, corrigeant & deschassant tout ce qu'elle rencontre qui peut apporter du dommage au corps humain.

Elle sert grandement, & de faict semble quasi vn miracle pour la rectification du sang.

Elle ne faict pas moins d'effect pour la verolle,

Pour les putrefactions.

Pour les vers.

Pour les poincts des costez.

Pour les tremblements de cœur.

Pour les fieures.

Pour l'Icterie.

On la peut encor mesler auec les autres diaphoretiques.

La dose.

La dose est d'vne cueillerée, ou demy, auec eau appropriée, ou vin, ou eau de melisse, ou de chardon benist.

Zenexton de Paracelse.

IL faut faire vn instrument d'acier, duquel ie te monstreray la figure, par lequel on puisse faire de petits gasteaux pesants vne drachme & demy, ou enuiron; à l'instrument y a trois pieces, sçauoir deux en forme de seel, ou cachet, esgalles en grosseur, & espoisseur, la tierce ressemble à ces quadrans que l'on porte au doigt en façon de bague, mais large enuiron d'vn poulce.

La nature de l'aymant spirituelle.

A celle qui est au dessous est grauée la figure d'vn Scorpion; au dessus celle d'vn Serpent.

Les

Les parties B. & D. ſont deux cordonnets en forme de croniche qui empeſchent que l'aneau ne paſſe plus outre, & faict que les tablettes rondes ſoyent eſgalles, auſſi eſpoiſſes l'vne que l'autre. Il faut que l'inſtrument ſe face en ſon temps, ſçauoir lors que le Soleil & la Lune entrent au ſigne du Scorpion, car par ce moyen les choſes ſuperieures ſont conioinctes auec les inferieures, & les inferieures auec les ſuperieures, par vne ſympathie indiſſoluble.

Ses forces admirables ſoit par ſympathie, & antipathie, ou quoy que inuiſibles elles ſe rendent aſſes ſenſibles d'effets.

Voicy la figure de l'inſtrument.

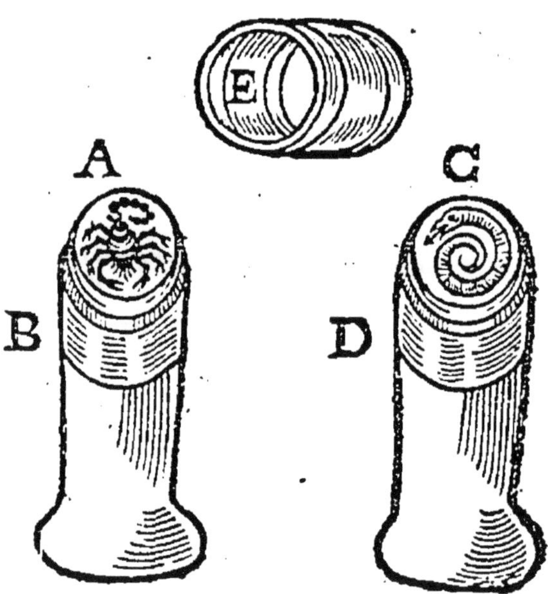

La masse de laquelle il faut faire les petits gasteaux de constellation.

PRens crapaucts sechez à l'ardeur du Soleil, & au serain, leur ayant bouché les narines; lors qu'ils seront secs, mets les en poudre & prens de ceste poudre deux onces. Note que s'ils ne sont tost secs ils sentiront mal, & ne se pourront mettre en poudre. Il t'en faut auoir dixhuict, car à peine donneront ils d'auantage de deux onces de poudre estant secs; apres cela aye en main,

Zenith de vache autant que tu en pourras auoir.
Arsenic chrystallin blanc.
Arsenic rouge ou orpigment ana demy once.
Racines de Diptami.
De tormentille ana trois drachmes.
Perles qui ne soyent pas percées vne drachme.
Coraux.
Fragments d'Hiacinthe d'Orient.
Fragment de Smaragde d'Orient ana demy drachme.
Saffran de Leuant deux scrupulles.
Pour l'odeur on y adiouste quelques grains de Musch ou Ambre.

Il faut pulueriser le tout ensemble bien subtillement, & le mesler; puis dissoudre de gomme Tragacanth dans eau rose, & la rendre en façon de boüillie, si bien que meslée auec les

pou

poudres s'en puisse faire vne paste asses ferme, de laquelle on forme les tablettes plus facilement. Note qu'il faut qu'elles se facent pendant que le Soleil & la Lune sont soubs ce signe que i'ay dict, sçauoir du Scorpion, ou du moins que la Lune y soit. Si tu veux tu les pourras former en escusson, ou en cœur, ou en rond comme est la marque qui est cy-dessus; estant ces tablettes seichées tu les couuriras d'vn drap rouge, & en appendras vne, auec vn ruban de la mesme couleur, iusques à la region du cœur, dessus la chemise.

L'vsage.

On l'append au col auec vn ruban de soye dessus la chemise iusques à la bouche de l'estomach, ou orifice superieur, parce que non seulement il est vn preseruatif contre la peste; ains encore il empesche que le corps ne soit infecté par aucun venin, ou maladie prouuenant des astres, car il attire le venin qui est dedans le corps, & l'ayant attiré le consomme sans douleur.

Zenexton pour les Princes & grands Seigneurs.

IL faut auoir vne petite boiste d'or tres-pur, en forme de reliquaire (laquelle nous appellerons tousiours reliquaire à fin de l'entendre mieux) & vne petite cauille percée de tous costez, comme demonstre la figure suiuante, & de laquelle ie te donneray vne entiere description.

ption. Ce Reliquaire doit estre garny d'vn costé de quelque grand saphir Oriental, autour duquel on pourra accommoder quatre crapaudines, ou quatre pierres d'aragnées de celles qui portent vne figure de croix sur le dos, car ceste espece d'aragnées, porte quant à soy de petites pierres lesquelles seruent de preseruatif pour la peste, estant appendues au col.

De l'autre costé y doit auoir vn Hyacinthe de mesme grandeur que le saphir; ce qu'estant, l'on pourra prendre vn crapaut en vie, l'attachant par le pied dextre toutesfois sans emission de sang; il le faudra pendre en ceste façon, c'est qu'il soit tourné du costé du Leuant, iusques à ce qu'il soit tout à faict sec, & propre à mettre en poudre; on se doit prendre garde que la pluye ne le touche; apres qu'on la mis en poudre, il la faut mesler auec de bon vinaigre, & le rendre en paste de laquelle il faut remplir le Reliquaire par dedans; Quant à la fistulle, il la faut remplir de quelque peu de linge teinct du premier sang menstrual d'vne fille, laquelle n'aye encore atteinct l'aage de seize ans; on doit apres mettre la canulle dedans le Reliquaire, de laquelle canulle les trous doiuent estre asses larges, à fin que la paste de poudre crapaudine puisse toucher le linge: car par la mutuelle operation s'ensuit vne sympathie entre ces deux choses, laquelle apres par vne conuersion de degrez, & par vne antipathie resiste à toute sorte de venins, de façon que celuy qui porte ce Reliquaire au col en temps de peste auec l'ayde de Dieu se peut dire

franc

franc de mal, ce que par experience, & demonstration infaillible, preuuent ceux qui le sçauent bien composer.

Note qu'il faut bien boucher la partie superieure de la canulle, & ce apres qu'elle est remplie.

En voicy la figure & description la partie A. est le saphir Oriental enchasſé, la partie B. est le hyacinthe enchasſé aussi, la partie C. est la boucle par laquelle le Reliquaire est pendu au col, la partie D. est le bouchon de la canulle, la partie E. est la canulle perforée, la partie F. est la partie superieure de la canulle par laquelle on met le linge, la partie G. est la partie inferieure de la canulle, laquelle n'est pas percée, la partie H. est le cercle du Reliquaire faict d'or tres-pur, la partie I. est le fermoir dudict Reliquaire, la partie L. est la canulle posée en sa place.

En voicy la Figure.

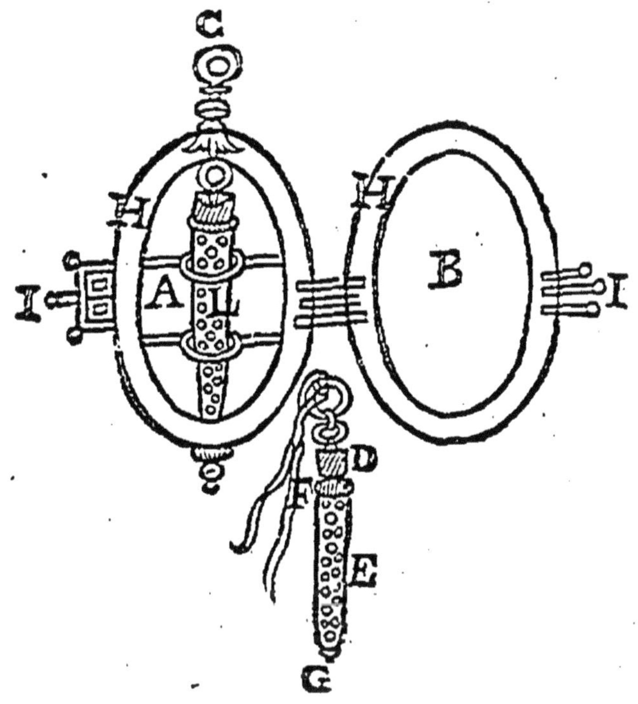

Podagrique ou remede pour la goutte.

LA goutte ou poudagre, selon l'opinion de P. Seuerin, peut estre guerie au commencement par vn seul onguent, ou baulme, d'autant qu'il admet la mixtion des resolutifs, mitigatifs, & corroboratifs.

La podagre confirmée & inueterée, laquelle a planté ses racines de difficille resolution, au sang, ou à la chair, ou en la synouie mesme; ne se peut guerir auec les baulmes exterieurs, mitigatifs, resolutifs, & corroboratifs seulement.

ment.

ment. C'est pourquoy il y faut adiouster les purges podagriques, les mondifiants diaphoretiques, & diuretiques par bains, & par insensibles transpirations, consomptions, & entieres expulsions, toutesfois nous donnerons les podagriques propres & euacuants.

Paracelse tient que trois choses sont requises pour la cure de la podagre, sçauoir les resolutifs, mitigatifs, & corroboratifs.

Pour le resolutif, Paracelse faict grand estat du secret Corallin, & de la poudre Arthetique suiuante :

Prens {
Hermodactes.
Turbith tres-bon.
Diagridion autrement scamonée.
Fueilles de sennæ.
Rascleure de crane humain.
Succre fin ana vne drachme.

Mesle toutes ces choses ensemble, & en fais poudre tres-subtille.

La dose est de demy drachme trois ou quatre matins consecutifs dans eau d'Anthyllis autrement *Iua muscata*.

Asseurément elle purge sans violence aucune, toutes les defluxions podagriques.

Pour le mitigatif, l'on se doit seruir de ces deux baulmes suiuants.

Parmy les corroboratifs empeschans la defluxion, il ne faut pas oublier l'esprit de vitriol, auec le sel des perles, & le vin de Geroffle, & d'Acorus de Paracelse ; d'autant qu'il desseiche, & empesche les defluxions.

Premier baulme podagrique.

Prens
- Vitriol calciné iusques à ce qu'il soit iaune deux liures.
- Miel vierge auec la rusche vne liure.
- Esprit de vin vne liure, si on en peut auoir qui soit faict auec la confection de Laudanum, sera le meilleur.
- Terebenthine quatre onces.
- Rosmarin quatre onces.
- Verbene ana six onces.
- Caillou calciné demy liure.

Il faut broyer le tout ensemble, & le mettre dans vn alembic vitré, & bien luté, qui aye vn grand chapiteau, & vn recipient asses capable, duquel les ioinctures soyent encor lutées. Mets ton alembic par trois iours en digestion au feu lent de sable; apres qu'il aura demeuré ce temps-là, il le faut distiller peu à peu, obseruant les degrez du feu, puis le fortifiant sur la fin, durant le temps que tu verras les gouttes ou esprit sortir, laisse-le puis apres refroidir, & reuerbere la masse morte ou feces, lesquelles sont spongieuses & noires, iusques à ce qu'elles deuiennent blanches; & y versant de la premiere liqueur, tu les distilleras pour la seconde fois.

Les vertus & vsages du baulme Podagrique.

CE baulme est tres efficace, lequel estant preparé comme il faut, ne trompe iamais la bonne opinion de ceux qui en attendent du secours,

ſecours, car d'abord il arreſte les douleurs des gouttes, en frottant la partie malade, s'eſtant au preallable purgé auec la poudre d'hermodactes de Paracelſe ; ou auec le ſecret Corallin; apres cela il faut moüiller des linges dans d'eau tiede, & les appliquer ſur la partie dolente iuſques à ce qu'ils ſechent d'eux-meſmes, eſtant ſecs, il les faut remoüiller, iuſques à ce que les douleurs ceſſeront, & alors viſiblement les vapeurs ſont exhalées; que ſi par haſard la partie malade eſt tourmentée par vne trop grande inflammation, on y pourra adiouſter autant de ſuc de *Thapſus barbatus*, ou boüillon.

Second baulme Podagrique.

Prens huille faict des machoires inferieures des vieux cheuaux, leſquelles ayent eſté long-temps exposées à la mercy du temps.

Autrement prens os humains de quelqu'vn qui ſoit mort par violence, comme pendu eſtranglé, &c. leſquels ayent long-temps eſté expoſez au Soleil, & à la Lune, & d'iceux tu tireras l'huille.

Autrement prens huille de ſang de cerf.

De l'vn deſdits huilles rectifié quelquesfois ayes en vne once.

Huille de Laurier.
Huille de Terebenthine.
Huille de Genieure ana trois onces.

Meſle tous ces huilles enſemble & les diſtille au bain, puis apres oings-en la partie dolente, car c'eſt extraict fera à l'inſtant appaiſer les douleurs de la podagre prouenantes de cause froide.

Onguent Anodin troisiesme.

Prens fleurs de roses sauuages enuiron dix manipulles, herbe & escorce exterieure de Iusquiame nouuelle six manipulles, couppe-les ensemble, & les mets cuire auec vne demy mesure de vin ; estant cuittes pile-les, & apres exprime le ius au pressoir, lequel mesleras auec le reste & le mettras au bain pour en tirer l'eau ; laisse le reste qui est au fonds semblable au miel. Cela faict euapore ton eau dans vn pot vitré, la remuant tousiours auec vne spatulle de bois iusques à ce que tu cognoistras qu'il s'espoissit quelque peu ; estant reduict à cest espoississement, tu auras deux liures de sain de truye chastrée, lequel mesleras auec, & les feras chauffer ensemble ; puis l'ayant vn peu laissé refroidir, y adiousteras vne once d'opium pulucrisé ou pour le moins dissout en vin, saffran pulucrisé de la grosseur de deux auellaines, extraict des fleurs de boüillon, autrement *Thapsus barbatus* demy once, & le remuant diligemment, le feras mesler iusques à ce qu'il se refroidisse, & espoississe en onguent de couleur cendrée.

Ces forces & vsage.

Il est tres-admirable pour arrester les douleurs de la goutte, & des reins, pourueu que le malade en soit oingt bien chaudement.

Si on prend à faict de l'appliquer seulement pour

pour la douleur des reins, il faut au commencement briser trois manipulles de semence de genieure, auec la Iusquiame, lors qu'on en veut exprimer les eaux.

Nephritique.

Il y a diuers genres de calcul, desquels les degrez, & parties sont differentes en nombre, tous lesquels neantmoins sont produits de la portion la plus impure de l'aliment, subtilisée & destinée pour la coagulation, apres la separation de l'aliment plus benin, faicte par le benefice de l'esprit, ou chaleur des parties: ces degrez de calcul sont diuersement figurez, à cause de la varieté des matieres desquelles ils prouiennent, & de la multiplicité des parties ausquelles ils se rendent adherants; car à chascune ils donnent des symptomes conioints par vne grande affinité qu'ils ont ensemble.

La digestion forte faict vne subite operation au calcul, car vne personne mince, delicate, & de petite complexion, laquelle ne peut digerer qu'auec peine, n'a garde de iamais estre subiect au calcul, si ce n'est que la debille digestion soit expulsée par la force des facultez expultrices sans separation, car alors il ne se peut faire que l'homme soit sans tartre, lequel (coagulé) par l'esprit du sel ne se peut dissoudre par aucune purgation que ce soit.

Si la force expultrice est debile, alors la force coagulatiue du sel faict le tartre.

Il se faut prendre garde de ne donner aucuns medicaments aigus & mordicants à ceux qui sont subiects au calcul.

Sel contre le calcul.

PAracelse dict qu'il n'y a point d'asseurance pour le calcul en la longueur des remedes, pour le moins à la vraye preparation d'iceux.

Prens donc
- Yeux d'escriuisse.
- Pierre ou grauelle d'homme.
- Pierre Iudaique.
- Pierre de Lynx.
- Pierre d'esponge.
- Pierre aquillée.
- Chrystal.
- Caillou.
- Pierre des poissons appellez Perces.

Toutes lesquelles tu resoudras auec vinaigre distillé reiterant l'affusion iusques à entiere resolution de tout : de cela prepare-en le sel en tirant le vinaigre. Vse du sel tout seul, ou si tu veux resout-le auec quelque liqueur; apres toutesfois que tu l'auras souuent purifié ou dulcifie auec eau de pluye, laquelle euaporeras au filtre incontinent apres.

Les yeux d'Escriuisse & pierres Cyprines, ou de Perce, n'ont pas besoin de calcination, car d'elles-mesmes se resoluent dans le vinaigre distillé ne plus ne moins que les perles & coraux.

Quant aux autres comme Chrystal, Caillou, pierre Iudaïque, de Linx, d'Esponge, & d'Aigle, doiuent estre premierement calcinées auec le soulphre, & sel nitre ; (comme nous auons enseigné cy-deuant lors que nous parlions de

la

la liqueur des pierres precieuſes) & puis reſoutes auec le vinaigre Terebenthiné ; il faut apres garder ce ſel dulcifié, pour ſon vſage.

De ces pierres ſpecifiques tu auras vn remede vniuerſel pour le calcul, & maladies Tartariques à cauſe de l'affinité des ſignatures.

Vn chaſcun des ſuſdits ſpecifiques en particulier, eſt ſuffiſant (pourueu qu'il ſoit preparé comme il faut) pour guerir ladicte maladie.

Montanus croyoit que le Chryſtal de Paracelſe (lequel contient en ſoy toutes les ſignatures du Tartre) n'eſtoit qu'vne fable ; car diſoit-il, il ne ſe peut faire que toutes les eſpeces du calcul, & Tartre ſoyent cogneuës, d'autant qu'elles ſont pour le moins cinq cents en nombre, leſquelles demandent leur remede ſpecifique particulierement, à quoy ie ne m'arreſte aucunement.

Les vertus, vſages, & doſe du ſel.

Ce ſel eſt admirable pour toute ſorte de calcul, en quelle partie du corps que ce ſoit.

La doſe eſt d'vn ſcrupulle à deux pour ceux qui craignent ſeulement d'en eſtre atteints ; & en doiuent prendre tous les quartiers de la Lune dans du ſyrop conuenable.

Ceux qui ſont atteints du calcul en doiuent prendre deſpuis deux ſcrupulles iuſques à vne drachme pour leur ſanté, auec des eaux ſpecifiques comme d'Arreſte-bœuf, ſaxifrage, pimpinelle, ou perſil.

Aux femmes on le doit donner dans l'eau de meliſſe, ou de genieure.

Deux obseruations.

Note que pour rendre ce sel volatille, ou volage, leger ; il le faut souuent dissoudre & sur la fin le digerer auec de bon esprit de vin, & puis le retirer aux cendres chaudes par euaporation ; d'autant qu'apres quelle sorte de putrefaction que ce soit, il monte demy once de sel : quant à l'essence de vin, selon l'opinion de Paracelse, elle ne doit aucunement estre separée d'auec le sel volant, ou volatil, à fin que par ce moyen il agisse plus puissamment au tartre interieur, car lors que l'esprit de vin est fermenté auec la vertu desdites pierres ; il a plus de force pour dissoudre le calcul de l'homme, de mesme façon que l'alcohol de vin fortifié auec le tartre empesche qu'on ne peut oster la couleur de l'or ny des coraux.

Personne ne se doit estonner de ce qu'il faut calciner auec le sel nitre les pierres de chrystal, caillou, Iudaïque, de Lynx, d'esponge & d'Aigle, d'autant que c'est à fin qu'elles se puissent plus aisément dissoudre auec le vinaigre susdit, car autrement elles seroyent irresolubles ; d'ailleurs que le sel nitre crud purifié par le soulphre, auec vn peu de saffran, de Macer, & pierres Citrines, est vn remede tres efficace pour le calcul.

Poudre tres-singuliere pour le calcul.

Hydropique.

Nos aliments, sçauoir la viande & boisson, ont en eux trois excrements, car l'vn est l'eau, l'autre le soulphre, & le tiers, le sel ou tartre.

Que

Que si le sel est touché par le feu des Astres conioinct auec le sien propre naturel & elementaire, alors par ceste resolution se faict & forme l'hydropisie.

Purgatif specifique pour l'hydropisie.

Prens racines d'hellebore noir cueillies en temps propre trois onces.

N. B. A fin que l'escume veneneuse se separe diligemment de l'ellebore en la preparation de l'essence.

Coloquinte deux onces; de laquelle tireras l'essence auec bon esprit de vin, lequel retireras par apres par euaporation iusques à ce que l'essence demeure espoissie comme miel, de laquelle prendras le poids de quatre grains.

Mercure preparé par l'huille de soulphre deux grains.

Mesle-le tout ensemble, & en faits des pillules, lesquelles tu donneras successiuement durãt trois matins; aye incontinẽt des fleurs de soulphre sublimées trois fois par le vitriol; desquelles tu en prendras trois parties pour adiouster à l'essence extraicte du *crocus Martis*.

Ladicte essence se tire du *crocus Martis*, bien preparé en digestion par le benefice de l'huille de vitriol, y ayant adiousté bonne quantité d'eau, laquelle eau il faut par apres retirer auec violence; à fin que la poudre extraicte demeure: exhibe de ceste poudre mixtionnée au matin, midy, & sur le soir, enuiron demy drachme, auec la conserue de roses; quant à la sueur, il la faut prouoquer auec huille de gayac rectifié, & eau de Therriaque. Pour ce qui est du manger, il faut vser de viandes seiches auec le vin d'Absinthe ferré.

Dysenterique.

Si la digestion est bonne, & qu'elle ne face separation, on est asseuré d'estre atteint de la dysenterie, mais si la separation se faict sans digestion, ce n'est alors que la lienterie.

Que si par fortune ne se void ny separation, ny digestion, l'on peut dire infailliblement que la diarrhée est formée; pour ce qui est du flux de ventre, les notices en sont clairs & manifestes par la putrefaction de la matiere diuersifiée en couleur.

Poudre dysenterique d'vne vertu admirable.

Prens:
- Succin.
- Sang de dragon.
- Pierre hematite.
- Coraux rouges.
- Semence de pourprier.
- Semence de plantain.
- Semence d'Anthore.
- Racines de Tormentille.
- Terre sigillée ana deux onces.
- Fleurs de grenades vne once.
- Noisettes quatre en nombre.
- Canelle demy once.
- Crocus Martis.
- Talc calciné.

Merc

Mere des Perles calcinée.
Os humains calcinés ana vne once.

Il faut bien broyer les pierres sur vn porphire, & piler le reste dans vn mortier bien subtil, & en faire de poudre du tout ensemble.

Ses vertus, vsages & dose.

Ceste poudre est admirable pour tous flux de ventre, donnans douleur, de quelle origine que ce soit, sans qu'elle aye esgard à la diuturnité du temps, car elle les guerit pour inueterés & vieux qu'ils soient.

Elle est encor parfaictement bonne, pour
La dysenterie.
Lyenterie.
Et hemorrhagie des narines.

Pour les flux des femmes, pour grands & desbordés qu'ils soient, on en peut librement donner aux femmes enceintes : il opere à l'instant à quelques vns, à d'autres il faut reiterer la dose vne ou deux heures apres ; Elle se doit prendre long temps auant que manger, si on en a prins vne fois, & que l'on aye mangé, il faut attendre le lendemain matin pour reiterer ; pour le flux des femmes, on n'a pas peine de reiterer iusques à la troisiesme fois : car à la seconde faict son effect pour l'ordinaire.

La dose doit estre d'vne drachme iusques à vne & demy ou deux pour le plus, elle se doit prendre auec eau de plantain.

Quand c'est pou[illegible] dysenterie, il faut mettre l'emplastre suiuant dessus le ventre ; en voicy la composition.

Prens

Prens Theriaque fine de Venise.
Terre sigillée autant d'vn que d'autre.

De cela fais en vn emplastre, & l'applique chaudement sur le ventre.

Essence du crocus Martis.

Prens Rouilleure iaune de fer; la meilleure se treuue à Noremberg, choisis la qu'elle semble estre vitrée, tu en treuueras aux fontes de fer, ou Martinets.

Puluerise ceste rouilleure, & la mets dans le verre auec bon & fort vinaigre, apres laisse la demeurer en digestion assez chaudement, l'espace de quatorze iours, durant lesquels se fera vne teincture rouge; le temps desdicts quatorze iours expiré, il la faut filtrer, & retirer le vinaigre au bain; la matiere rouge demeure au fonds, mais il la faut retirer auec eau de pluye pour luy oster son goust aigre, toutesfois qui voudra la pourra calciner auparauant dans le pot au sable, la remuant tousiours, à fin que l'acrimonie du vinaigre se puisse euaporer: apres ceste calcination on la doit adoucir encor auec eau commune. Que si cela est faict à propos comme il faut, d'elle mesme se resoudra en huille, si non toute, pour le moins vne partie, estant broyée sur le marbre en vn lieu bien humide.

C'est à dire de fer.

Ceste essence de Crocus Martis ou Saffran de Mars est beaucoup plus efficace en faict de medecine, que non pas le Crocus Martis vulgaire faict par reuerberation, de soy-mesme,

mettant

mettant vne barre de fer, ou acier, dans vne fournaiſe où l'on faict les verres; ou bien arrouſant les lames de fer, ou d'acier, auec le vinaigre, & puis les faiſant rougir dans ladicte fournaiſe ou verriere.

Les vertus de l'eſſence du Crocus Martis.

Ceſte eſſence de Crocus Martis arreſte le ſang, & les mois de femmes deſlors qu'il y a trop grande perte, ou s'ils arriuent hors de ſaiſon.

Elle proffite encor grandement aux femmes leſquelles ont leurs fleurs blanches.

Outre ce elle eſt admirable pour la gonorrhée.

Pour la dyſenterie.

Pour la diarrhée.

Pour l'incontinence d'vrine.

Pour l'hemorragie tant interne qu'externe.

Pour l'hemorrhagie il en faut prendre depuis vn ſcrupule iuſques à demy drachme, auec trois drachmes de ſuc de coings condensé, c'eſt à dire auec gelée de coings, ou conſerue de roſes.

Quant aux playes deſquelles le ſang ne ſe peut arreſter, il y en faut ietter deſſus; toutesfois pour ce qu'eſt de l'hemorrhagie externe, les potirons qui viennent au pied des bouleaux l'arreſtent quaſi miraculeuſement.

Elle ſert pour toutes les douleurs de foye, & ratte; toutesfois ceux qui en veulent vſer pour

pour telles maladies, doiuent bien estre purgés auparauant.

Pour les douleurs de ratte il la faut donner auec eau de ceterach, capilli veneris, & Tamaris.

Pour la douleur de foye il la faut donner auec eau de Cichorée, & Agrimonie, & l'on se peut asseurer que desllors il faict cesser le crachement de sang.

Elle est tres-bonne pour les maladies desliées, & dissoluës comme hydropysie, & autres semblables, lesquelles ont besoing de consolidation.

Elle corrobore le ventricule, arreste le vomissement donné auec conserue de roses, ou bon vin.

La Dose.

La dose est despuis huict, dix, douze, à quinze grains. Et se peut donner en vin rouge, eaux de plantain, de bursa pastoris, tormentille, ou bien auec la conserue de bugle ou consolida media.

VENERIEN.

Confortatif vegetable selon la description de Paracelse, auec addition.

ESSENCE DE SATYRION.

TOut ainsi comme par vne elixation le Rheubarbe perd sa force purgatiue, de mesme le Satyrion par vne exsiccation semblable la perd : car combien que l'extraict de la racine

cine ſe face auec l'eſprit de vin, toutesfois par ſon vſage l'operation eſt nulle à cauſe de la ſechereſſe; & de faict l'experience nous enſeigne,& faict voir tous les iours, que le ſuc des racines vertes diſtillées,a beaucoup plus de force & efficace, que non pas la poudre faicte des racines ſeiches. Il faut doncques tirer la vertu imbue dans l'humeur de la racine par ſeparation,ce qui ſe faict en ceſte façon.

Prens au commencement du Printemps de chaſque eſpece des racines de couillõ de chien, leſquelles il faut piler dans vn mortier de marbre, notte qu'il faut touſiours jetter vn deſdits couillons,& c'eſt celuy qui eſt flappe,parce que par vne vertu cõtraire,& froide,il reprime & eſteint Venus. A cela adiouſte y vne ou deux miches fraiſches, faictes de farine de ſoigle,paſsée par le tamis de ſoye,leſquelles pileras & meſleras enſẽble auec les racines,dans le meſme mortier. Et à fin qu'ils s'incorporent mieux, verſe y bonne quantité d'eſprit de vin faict de Maluoiſie, le laiſſant par apres en digeſtion lente au bain, dans l'alembic borgne; au bout de deux mois exprime le ſuc par le preſſoir; ce ſuc ſera gluant; Les feces ou excrements qui ſont au fonds doiuent eſtre calcinées pour en retirer le ſel blanc, lequel eſt d'vne ſaueur fort ſuaue,& non acre comme le ſel des autres vegetans: Eſtant ton ſuc coulé, remets le dans l'alembic borgne l'eſpace de deux autres moys en digeſtion,& par ce moyen auras vne liqueur iaune, ou rougeaſtre, laquelle ſe ſepare & gaigne la ſuperficie, laiſſant ſes feces impures au fonds; leſquel lesquelles il faut retirer apres la liqueur qu'on aura tiré par inclination, & mis à part pour son vsage. Dans ceste liqueur il faut vn peu mettre du sel propre qu'on a tiré des feces, & vne autre partie de sel de perles ; n'oublie pas vne ou deux gouttes d'huille de canelle, d'huille de macer, & de noisettes ; car par ce moyen tu auras ton medicament plus agreable, & plus efficace, lequel se conseruera long temps. On y peut adiouster vn peu d'or potable, pourueu que l'on soit asseuré qu'il est du vray sans corrosion.

Ses vertus, vsages & dose.

En la diuersité de ces especes des racines l'on voit la signature presque de tous les membres externes du corps, tant de l'vn que de l'autre sexe, à raison dequoy l'on tient (& fort bien à propos) qu'elles sont capables de conforter tout le microcosme. Phædro appelle ceste racine *Mumie rouge*, & asseure qu'elle a vne grande sympathie auec le corps humain.

C'est extraict est vn des plus grands confortatifs de tout le corps, & principalement pour la chaleur naturelle, & de faict le succez en est admirable pour les personnes froides, maleficiées, & inualides au faict naturel ; car il restitue la puissance virille perdue, auec vn grand contentement.

Quant à la dose elle est despuis vn scrupulle iusques à trois dans du vin muscat ou vin blanc doux, ou dans la Maluoisie, lors que l'on se veut coucher ; ce n'est encor que bien faict

de

de le mesler (à faute desdictes liqueurs) auec conserue de roses, & en donner la grosseur d'vne auellaine à chasque fois, beuuant apres vn bon verre de muscat, ou autre bon vin du meilleur que l'on peut treuuer, car ce sera pour le mieux. Si l'on continue cela l'espace de quelques iours, l'on en verra l'effect plus admirable que ie ne sçaurois dire.

Pour les venins Theriaque de Mumie.

NOus tenons la Mumie pour vn tres-precieux antidotte contre les venins.

Premierement il faut preparer la teincture de Mumie comme s'ensuit.

Il faut prendre le cadaure frais & entier d'vn rousseau sans macule qui aye esté pendu, ou brisé sur la roüe, ou en fin tué par quelque coup d'espee qui luy aye trauersé le corps, toutesfois, s'il se peut, il faut que ce soit vingt-quatre heures apres sa mort pour le plus tard.

Si tu l'as à l'instant apres sa mort, fais le demeurer vn iour & vne nuict entiere au Soleil & serain ; puis descouppe le en lambeaux ou tranches assez deliées. Cela faict, arrouse ces tranches auec poudre de Myrrhe, & d'Aloés (car autrement elle seroit trop amere :) on la doit bien macerer, & puis tremper dans d'esprit de vin à fin de le faire imbiber ; en fin on doit secher ces lambeaux ou tranches pendus en l'air, desquels (estant secs) il faut selon l'art en retirer la teincture rouge auec l'esprit de vin, ou de suseau.

On peut encor macérer ceste Mumie pilée

durant vn mois, auec huille d'olif, & par ce moyen l'huille se teindra, duquel on pourra apres adiouster & mettre sur la Mumie selon sa volonté, auant qu'on la mesle auec le Therriaque.

Prens donc la teincture ou extraict de Mumie par l'esprit de vin, puis retire l'esprit par euaporation. De cest extraict prens en

- demy liure.
- Therriaque Andromach 4. onces.
- Huille d'olif Mumié deux onces.
- Sel de Perles.
- Sel de coraux ana deux drachmes.
- Terre sigillée deux onces.
- Musch vne drachme.

Mesle toutes ces choses ensemble, & les fais digerer au bain l'espace d'vn mois, le circulant & broyant tous les iours.

Ses vertus, vsages & dose.

Beaucoup de maladies sont gueries par l'ayde & faueur de cest antidotte de Mumie.

Quant à sa vertu elle est si grande en temps de peste, que s'il est donné auant l'infection, il est impossible d'estre atteint du venin, encore que l'on conuerse parmy & auec les malades; & celuy qui en prend le poids d'vn scrupulle au matin, il est asseuré de ne prendre la peste de tout ce iour là.

S'il se treuue quelqu'vn qui en soit desia atteint, il en doit prendre dauantage; sa dose sera donc de demy drachme en eau de chardon Benist ou Therriaque fine. toutesfois il ne fera point

point mal s'il en veut prendre vne drachme entiere.

Pour les apostemes, charbons, anthrax & pleuresies en faut donner vne drachme,& au bout de six heures reiterer la mesme dose: car s'il peut arriuer à la seconde prinse,il est asseuré de sa santé.

Contre quel venin que ce soit on en doit donner despuis demy drachme iusques à vne entiere ou deux en cas de grande necessité.

Pour ceux qui ont auallé venin ou poison il en faut donner la mesme dose,auec deux onces d'huille d'amande douce; l'operation du medicament se faict plus aisement au lict;aussi c'est là où il la faut attendre.

Par ce mesme antidote l'on guerit de quelle sorte de poison ou venin que ce soit, tant bestial que mineral.

Second secret de Theophraste, tres-admirable contre toute sorte de venins, comme sublimé, arsenic, napel, poudre de diamant, venin d'aragnées, & crapauts, Phthore, ceruelle de chat, sang menstrual & autres semblables.

Distille le sang d'vne cigogne par le Bain Marie, dans vne courle vitrée neufue, garde soigneusement l'eau qui en sortira, & seiche le sang qui a esté coagulé, en quelque lieu chaud, & puis le mets en poudre.

Il faut aussi seicher le ventriculle de la cigogne,

gogne, puis le brusler tant soit peu dans vn creuset, iusques à ce qu'il soit conuerty en cendres, desquelles il faut tirer le sel, les ayãt meslées auec la liqueur propre qui a esté tirée du sang ; il faut garder ce sel pour le mesler auec le sang propre qui a esté puluerisé.

A ce meslange de sel & sang (apres qu'on les a mis dans vn verre assez capable) il faut adiouster

- Succin blanc bien choisy vne once.
- Coraux rouges.
- Grains de raisins de renard noirs bien meurs & secs puluerisés.
- Essence de Mumie.
- Racines d'Anthora ana demy once.
- Pierre Besoard trois drachmes.
- Theriaque fine vne once & demy.

Il faut mesler & incorporer toutes ces choses ensemble auec huille de pignons faict par expression, sur quoy il faut adiouster dudict huille à l'eminence de trois ou quatre doigts, & le laisser seicher au soleil, d'autant plus que ceste composition sera vieille, d'autant plus elle en sera meilleure, & plus forte.

C'est vn remede tres-efficace contre tous venins metalliques, animaux, & vegetables.

L'vsage, & la Dose.

L'vsage & dose ordinaire est d'en donner demy once auec vn demy verre d'eau, de vin, ou de laict, & c'est comme i'ay dict, contre tout venin corporel; toutesfois s'il se peut il le faut donner tiede: car iamais la sixiesme partie d'vne ne heure ne se passera que le malade n'aye ietté son venin dehors, demeurant sain & libre. Il est bon de l'ayder apres par des confortatifs, pour le renforcer vn peu dauantage. Ce confortatif sera de poudre de corail rouge auec du laict frais, chauffé auparauant.

Par le benefice de ce secret, quelques grands ayant esté empoisonnes, ont esté gueris tout à faict, & remis en leur pristine conualescence; quoy qu'au commencement ils eussent vsé des essences de monoceros, eaux Theriacalles; & autres choses semblables.

Alcohol troisiesme des serpens principallement des viperes contre toute sorte de venins; c'est vn remede autant θεραπευτικὸν que προφυλακτικόν.

Ce n'est pas sans cause si la vipere estoit le hieroglyphe & symbole de salut parmy les anciens.

APres que tu auras escorché tes viperes, oste les intestins, la teste, & la queuë; neantmoins garde la graisse qu'est autour des entrailles, d'autant que c'est vn singulier ophthalmique; le reste de la chair lauée auec le cœur & le foye soient rendus en Alcohol au Bain Mariæ; il faut neantmoins que la chair aye esté seichée lentement. Cest alcohol prins par le dedans chasse le venin iusques hors la peau, ne plus ne moins que la pierre Theamedés chasse le fer: que si quelqu'vn ne veut adiouster foy à ce que ie dis, qu'il ne condamne pas la verité qu'au preallable il n'aye preuué ce qu'il dit, ou veu l'effect de cest antidote; ceux qui l'auront acheptė cheremẽt s'en pourront librement seruir; aussi m'asseure ie qu'il n'y a aucun bon medecin qui n'en appreuue bien l'vsage.

La Dose.

La dose est de demy drachme iusques à vne drachme entiere, dans vn verre de Maluoisie, ou autre bon vin.

On ne peut auoir le fromēt sans l'yuroye, ny le miel sans esguillon.

La force & efficace de ce medicament n'estonnera iamais ceux qui sçauent que la nature ordinaire des venins est d'auoir quant à eux leur remede. Et parce que naturellement les choses mauuaises peuuent demeurer conioinctes auec les bonnes; à ceste occasion beaucoup de gens se nourrissent de chair de vipere, sans horreur, ny peril aucun, sçachans que cela leur prolongera la vie. Ce n'est pas donc sans raison que Baldus Angellus tient ce discours, que i'ay inseré en propres parolles au liure qu'il a faict *de admirabili viperarum natura.* Voicy ses parolles; *Illud vnum venit mihi in mentem vehementer admirandum, serpentis astu in orbem terrarum mortem intrasse; illud etiam mirum ex viperæ serpentis nece, & eius carne ab omnibus grauioribus morbis atque venenis curari, & in pristinum restitui, sed continuato viperinæ carnis vsu, ab omnibus morbis præseruari; hoc certè totum omnem admirationem superat & excedit.*

Contente toy amy Lecteur que i'aye traicté en ce petit volume, tant de quelques maladies Elementaires, materielles, & internes, lesquelles naturellement (c'est à dire par l'essence de la nature) sont engendrées, prenant leur commence mencement des obstructions, & du tartre du corps; que de quelques autres prouenantes de l'essence du venin, & comment c'est qu'elles sont gueries par des medicaments assignez par la mesme nature.

Paracelse a escrit des particuliers liures pour les maladies astralles, ou astreuses (c'est à dire, prouenãtes de l'essẽce des astres;) Des votales, & enchantemens, ausquels liures, amy Lecteur, ie te renuoye. Car comme, dit-il, les maladies causées par l'incontinence du boire, & du mã-ger par les animaux, par les vegetans, ou fruicts de terre, sont gueries par les secrets des herbes, racines, mineraux, ou metaux; de mesme façon la plus grande partie des maladies prouenantes des influences celestes, ou impressions des astres sont gueries, non pas auec la composition, ou secret des herbes, metaux, & mineraux: ains par vne influence astronomique, auec les choses qui ont certaine analogie ou proportion du grand au petit monde, ausquelles est vne vraye force aymantine du firmament, & vne celeste impression de resister aux maladies du grand & petit monde; comme il appert au Persicaire, à la grande consolide, & aussi à la serpentaire.

L'estre des maladies selõ l'opinion de Paracelse, est diuisée en cinq.

Ces maladies syderalles ou firmamẽtalles sont cogneuës & gueries firmamentallement par le medecin experimenté.

La medecine experimentée n'est autre chose que l'art lequel donne la cognoissance, & mõstre cõme il faut cognoistre, & chasser les maladies syderalles & firmamentalles.

Si la maladie est arriuée par Magie ou enchantement, Paracelse tient qu'il est meilleur de la guerir surnaturellement, & par le mesme moyen qu'elle est arriuée; quoy qu'en ces simples que i'ay dict cy dessus, soit vne certaine vertu attractiue influée; c'est aussi la verité que toutes ces choses (selon qu'il a pleu à la diuine bonté) guerissent ou magiquement, ou astronomiquement ; ou par vne action indistante, c'est à dire magnetique, d'autant qu'en elles la vertu medecinale est empreinte, & en l'homme la vertu Magnetique ou Aymantine : car comme le Soleil, & les astres ont la puissance d'attirer l'humidité des choses terrestres ; de mesme l'homme, & les choses inferieures, par leur propre & naturelle vertu attractiue (ne plus ne moins que l'aymant attirant l'esprit du fer comme son aliment & nourriture) ont les mesmes vertus attractiues des superieures : ce que nous voyons clairement en temps de peste : car ces attractions sont naturelles, & non pas surnaturelles, enchantemens, malefices, ou superstitions. Donc pour guerir les maladies il faut regarder leur origine, & c'est de là qu'il faut puiser le remede, & cure d'icelles. Outre qu'il y a vne grande varieté entre la nature & proprieté des maladies, comme a fort bien remarqué Phædro, lors qu'il dict, qu'il se rencontre des maladies lesquelles endurent le remede tant interieurement, qu'exterieurement : des autres tant seulemēt exterieuremēt ; & interieuremēt sont vlcerées, lesquelles ne demandent pas le mesme remede. Il y en a d'autres lesquelles ne veulent aucun remede soit interieurement ou exterieurement. Il s'en treuue encore d'autres toutes contraires aux precedentes, interieures neantmoins & exterieures, lesquelles sont gueries par des parolles, ausquelles (selon l'art) l'influence est imprimée ; des autres par herbes cueillies en certaines constellations. Des autres

La vertu aymātine & magnetique de l'homme, & magique, en laquelle est la celeste impression : car apres qu'il aura touché vne herbe, il en attire la medecine iusques à ce que l'herbe est pourrie ; & par ce moyen il guerit les playes, pour lesquelles il est faict, de mesme que l'on faict pour les verrues.

tout à faict bizarres, lesquelles ne se guerissent ny par herbes, ny par parolles, comme vn certain vlcere, lequel se guerit tant seulement fichant vn couteau tout contre l'herbe appellée Alchymilla, ou pied de Lyon, se prenant garde toutesfois que le couteau ne picque la racine. Le mesme Phædro raconte, en confirmation de cela, qu'vne vieille femme a guery beaucoup d'vlceres chancreux en ceste façon, lesquels autrement estoient incurables. Il dict encore que beaucoup d'autres vlceres desesperez sont parfaictement gueris par la cure des characteres conioincts auec la vertu celeste. Ces choses ne seront pas treuuées estranges à ceux qui auront leu chez Agrippa, où il dict, qu'en la constellation des vocales, characteres, pierres, & semblables, y a de grandes influences ou vertus actuelles, lesquelles semblent estre miraculeuses. Le mesme aussi asseure Cornelius, disant qu'il y a des dictions lesquelles à mesme temps qu'elles sont prononcées, font veoir des creatures, les rendant visibles, quoy qu'elles ne le fussent auparauant; & c'est en forme d'oyseaux, hommes, poissons, & esprits sousterrains, ou autres, lesquelles creatures obeissent incontinent aux commandemens lesquels leurs sont faicts; toutesfois qu'il te suffise, amy Lecteur, que ie t'aye seulement dict ces merueilles, cogneües principalemẽt de nos Ancestres.

DES MALADIES EXTERNES, comme playes, vlceres, pustulles.

Baulsme mondificatif, mitigatif, & consolidant de tres-grande vertu,

Par lequel toute sorte de playes, points des membres, ioinctures, nerfs, blesseures, tant d'espee que d'arquebuse ou mousquet sont asseurement gueries, sans qu'il interuienne aucun symptome que ce soit.

Prens:
- Fleurs d'hypericon, autrement mille-pertuis, vne liure cueillies enuiron la feste de la S. Iean auant la nouuelle lune.
- Fleurs de viollier.
- De bouillon, tapsus barbatus.
- De chelidoine.
- De la petite Centaurée.
- Aristolochia.
- Prunelle.
- Camomille.
- Consolida grande ou moyenne vne once & demy.

Fueilles:
- de roses rouges autant des vnes que des autres vne once & demy.
- Mumie d'outre mer.
- Myrrhe.
- Encens ana vne once & demy.
- Mastich vne once.
- Storax liquide deux onces.

Il faut broyer ce qui doit estre broyé, & coupe[r]

coupet

couper le reste;puis mettre le tout dans vn vase auec deux pots de bon esprit de vin ; le laissant digerer,ou au Soleil, ou derriere vne fornaize. Lors que la digestion est faicte , il faut retirer l'esprit de vin teinct,& mettre les feces au pressoir ; en fin dans cest esprit teinct il faut adiouster cinq liures d'huille d'olif,lequel aye demeuré huict iours dessus vn pin portant fruict tousiours en digestion. Toutesfois pour plus grande efficace,il faut derechef broyer les fleurs,lesquelles ont esté presées,& y faut mettre Terebenthine commune bien claire , poix-raisine lauée en eau d'hypericon vne liure & demy. Apres faut encor remettre le tout en digestion l'espace de quatorze iours ; & pour la perfection il faut retirer l'esprit de vin par le Bain Mariæ , & le baulsme demeurera au fonds rouge comme sang.

En temps d'hyuer on se peut seruir des semences desdictes herbes ; & les mettre en digestion dans ledict baulsme : car cela luy donne beaucoup plus de vertu & facilité d'operer.

Ses vertus, & vsages.

Pour toute sorte de playes il faut faire vn plumaceau de cottõ, ou des floccons qui croissent autour de chardon benist ; ou aux peupliers;ayant faict ce plumaceau,trempe le dans ledict baulsme ; & le mets vn peu chaud dessus (notte que toute playe doit auoir esté lauée auec du vin) dessus le plumaceau il faut appliquer vn emplastre astringeant, & le laisser là

dessus

dessus, iusques à ce que les veines, arteres, nerfs, ou filaments ne paroissent plus.

Ce baulme est encor admirable pour toute sorte de tumeurs, inflammations, contractions de nerfs, contusions, & ruptures des os.

On s'en peut librement seruir encor pour les morsures de chiens, sans toutesfois mespriser les autres remedes, principallement si la morsure est veneneuse, ou d'vn chien enragé.

En fin ce baulme est tres-admirable pour toute sortes de playes & poincts.

Emplastre Strictique, ou astringeant.

En la composition de quel strictique que ce soit, Paracelse dict, qu'il faut considerer quatre diuers genres d'ingrediens.

Premierement, la cure qui se faict par le moyen de la cire, & poix raisine.

Secondement, les accidents lesquels sont ostés & empeschés par la faueur des gommes, sçauoir du Galbanum, Opopon. Sapag. Bdell. Ammoniac, & Eleni.

Tiercement, il faut considerer la putrefaction (d'autant que quelle playe que ce soit, elle est naturellement encline à pourriture, engendrant des vers, ou excrescence de mauuaise chair ;) or ceste putrefaction est ostée, & empeschée par la force des consolidants, sçauoir Mastich, Myrrhe, & semblables.

En quatriesme lieu il faut regarder que ledict emplastre puisse empescher de la moisisseure, galle, synouie, contracture, siccité, & autres-ſemblables accidents; ce qui ſe faict ordinairement par les mineraux, comme litharge, mine de plomb, Antimoine, Ceruſſe & ſemblables.

La compoſition de l'emplaſtre ſtrictique tres-excellent pour les playes faictes par dards, eſpées, &c.

Prens { Mine de plomb.
Calaminaire ana demy liure.
Litharge d'or & d'argent ana 3. onces. }

{ Huille de lin.
Huille d'olif ana vne liure & demy.
Huille de Laurier demy liure.
Cire. }

{ Colaphane ana vne liure.
Verny.
Terebenthine ana demy liure. }

Gommes { Opoponax.
Galbanum.
Serapini.
Ammoniac.
Bdeliij ana trois onces. }

{ Carab citrin.
Oliban.
Myrrhe d'Alexandrie.
Aloës hepatique.
Ariſtolochia des deux eſpeces ana vne once.
Mumie d'outre mer.
Aimant.
Hematites ana vne once & demy.

Coraux

Coraux rouges & blancs.
Mere des Perles, ou Matris Perlarum.
Sang de dragon vray.
Terre sigillée.
Vitriol blanc ana vne once.
Fleurs d'Antimoine.
Crocus Martis ana deux drachmes.
Camphre vne once.

Or pour bien faire cest emplastre, il faut obseruer la methode que s'ensuit.

Il faut bien macerer les cinq gommes & puis les cuire auec vinaigre, cela fait, il les faut passer par vn linge grossier, & reiterer deux fois la cuitte; la dose desdictes gommes peut estre augmentée à cause des feces qui demeurent en l'expression du linge grossier.

Cesdictes gommes doiuent estre espoissies dans vne poisle bien nette sur vn feu lent.

L'huille d'olif, & de lin doiuent estre mis dans vne autre poisle, ou casse blanche, auec la litharge d'or ou d'argent, là où ils se doiuent cuire, remuant tousiours iusques à ce que l'huille soit teint; apres on y doit adiouster le Calaminaire, & vn peu de temps apres la mine de plomb; remuant apres le tout enuiron deux heures, ou suffisamment: ce qui se recognoistra si on voit espoissir vne goutte mise sur l'ongle, ou sur vne assiette, ou si elle se condense, & congelle en façon qu'elle ne coule plus. Sur la fin il faut mettre dans lesdicts huilles le verny, huille de Laurier, cire, resine, & le laisser bien mesler & liquefier ensemble. Apres fais en sorte que peu à peu tu puisses chauffer tes gommes,

gommes, y adiouſtant ſucceſſiuement la liqueur de l'autre poiſle, & remuant touſiours, à fin qu'ils s'incorporent bien enſemble: il faut ſe prendre garde qu'alors le feu ſoit petit, car ſi par hazard ces gommes venoient à bouillir, elles ſe mettroient en grumes, & monceau; ſi bien qu'il ſeroit impoſſible de les incorporer auec l'huille. Cela faict, il faut mettre tout le reſte des poudres ſucceſſiuement, remuant touſiours l'eſpace d'vne heure; ſur la fin il faut mettre le camphre diſſout dans l'huille de geneure; ſi ton emplaſtre eſtoit trop liquide, il y faudroit encor adiouſter vn peu de cire, & reſine.

La preuue de la parfaicte cuitte ſe faict en ceſte façon; il en faut prendre quelques gouttes, & les mettre dans l'eau froide; ſi en les maniant elles ſe rendent adherantes aux doigts, c'eſt ſigne que la coction n'eſt pas acheuée; c'eſt pourquoy il faut le laiſſer cuire dauantage, iuſques à ce que tu verras que leſdictes gouttes que tu en ſortiras ſeront aſſés fermes; ce qu'eſtant, aye vn grand baſſin plein d'eau froide, oſte ta poiſle du feu, & verſe le tout dans ledict baſſin.

Il faut que tu ayes encor les huilles ſuiuants dans quelque vaſe, ſçauoir.

Huille de camomille.
Huille roſat.
Huille de genieure.
Huille de vers.
Huille d'hypericon ana deux onces toutes meſlées enſemble.

Ces

Ces huilles seruent pour la maceration de l'emplastre, car il faut prendre vne masse de l'emplastre, & puis s'oindre les mains dudit huille, macerant fort & ferme ledict emplastre, & c'est enuiron l'espace de deux heures, où iusques à ce qu'il soit reduict en forme de malagme, quoy faict tu en feras des Magdaleons pour ton vsage, les tenant enfermés dans vne peau, de peur qu'il ne s'esuentent. On peut liquefier ledict emplastre par le moyen des huilles ; & de faict i'ay veu vn homme de nostre temps, lequel en faisoit des merueilles.

Les vertus de cest emplastre sont presque innombrables, & à peine s'en peut-il treuuer vn meilleur, ni plus efficace en tout le monde.

CEst emplastre est tres-bon pou[r l]es vlceres inueterés & recents en quelle partie du corps qu'ils soyent. Il desseiche & mondifie les playes, & produict la bonne chair ; & dans vne sepmaine guerit & consolide autant que sçauroit faire vn autre dans vn mois, il ne permet aucune pourriture, ny corruption, & empesche l'exc[re]scence de la mauuaise chair. C'est vn admirable remede pour la contusion, ou coupeure des nerfs.

Il a la vertu d'attirer le fer, le bois, le plomb, & quelle autre chose qui soit dans les playes, estant seulement mis vne fois dessus.

Il guerit la morsure ou piqueure des animaux

maux venimeux : car par vne vertu ſinguliere il attire le venin à ſoy.

Il faict meurir les apoſtemes de quelle eſpece que ce ſoit, mettant ſeulement ledict emplaſtre deſſus.

C'eſt vn remede tres-excellent pour les chancres, fiſtulles, eſcroëlles, & cõtre le feu perſique.

Il mitige les douleurs de quel coup ou playe que ce ſoit.

Il faict des merueilles pour la rupture.

Dés lors qu'on a la teſte enflée, il faut raſer les cheueux, & appliquer vn deſdicts emplaſtres deſſus ; & l'on verra les effects.

Il arreſte les douleurs du dos l'appliquant deſſus.

Il guerit du fic tant externe qu'interne apposé ſur le mal.

Il garde ſes forces entieres l'eſpace de cinquante ans, auquel temps il a autant de vertu, que s'il auoit eſté composé le iour meſme.

Pierre Medecinalle de tres-grande vertu.

Prens
- Vitriol verd vne liure.
- Vitriol blanc demy liure.
- Alun vne liure & demy.
- Anatron.
- Sel commun ana trois onces.
- Sel de tartre.
- Sel d'abſynthe.
- D'arthemiſe.
- De cichorée.
- De plantain.
- De perſicaire ana demy once.

 Que

Que le tout soit mis dans vn pot vitré, tout neuf, & dans lequel il faut mettre assez suffisamment de vinaigre rosat. Il faut apres cuire cela lentement au feu des charbons l'agittant souuent, & lors qu'il commence à s'espaissir il y faut mettre cerusse de Venise puluerisée demy liure, bol Armenique, quatre onces; cela estant dedans, il ne faut pas s'espargner à l'agitter, à fin qu'il se meslange bien comme il faut. Continue ceste agitation sur le feu iusques à ce que ceste masse soit reduicte en pierre, laquelle il faut garder pour son vsage, ayant brisé le pot.

Qui voudra y pourra adiouster de Myrrhe & d'Encens faisant tousiours la coction lentement, à fin que par la force du feu, la force des ingrediens ne s'euapore, ou que les gommes de Myrrhe & d'Encens ne se bruslent.

Ses vertus & vsages.

Pour ce qu'est de ses vertus elles sont innombrables: quant à la façon d'en vser, elle est telle: Prens eau de pluye, & y fais liquefier vne once de ladicte pierre, à faute d'eau de pluye, tu te pourras seruir de l'eau d'vn fleuue, mais non pas de fontaine.

Il faut apres filtrer ladicte mixtion, & ietter les feces, car l'on ne se sert que de l'eau claire trempant vn linge dedans.

Premierement elle oste & guerit incontinent tous les vlceres exterieurs du corps, estát lauez soir & matin; puis y mettant le linge mouillé dans ladicte eau.

Ceste

Ceſte eau arreſte toutes les defluxions, & mondifie & conforte la partie malade.

Elle deſſeiche les playes & vlceres inueterez auec vn grand eſtonnement & admiration, ſi on applique deſſus vn linge trempé dans ladicte eau, comme i'ay deſia dit.

Elle r'afermit les dents, & empeſche la putrefaction des gencives.

Elle arreſte les larmes des yeux, mitige la douleur, & en oſte la rougeur & chaſſie, arrouſant tant ſeulement les coſtez des yeux de ladicte eau auec vn petit mouchet de plume.

Si l'on s'en veut ſeruir encor aux yeux pour l'Ophthalmie, on la peut meſler auec eaux de roſe, Euphraiſe & Verbene, dans leſquelles elle ſe diſſoudra : toutesfois ſi c'eſt auec eau de Verbene qu'on la diſſolue, il faut que ladicte herbe ſoit cueillie au mois de Iuin, ou Iuillet auant ſoleil leué, & la laiſſer vn mois en digeſtion dans du vin, puis la diſtiller.

Elle guerit du feu ſacré, ou de S. Anthoine, comme auſſi des Eryſipeles impoſant deſſus le mal vn linge moüillé dans ladicte eau; il ſe faut prendre garde de remoüiller touſiours le linge dés lors qu'il eſt ſec, & ſans doute ſera guery dans vingt quatre heures. Si par hazard il demeure quelques trous, il les faut moüiller de ladicte eau en laquelle la pierre ſera diſſoute, & l'on verra des effects autant admirables que profitables.

Pour la galle tant des mains que du corps, il ne faut que s'en lauer le ſoir auant que de s'aller coucher.

Elle guerit les dertres, mais à cest effect il faut que l'eau soit vn peu plus forte, & qu'elle aye moins serui, car alors elle agit auec plus grande force, elle est aussi bonne pour la tigne.

Ses effects semblent miraculeux pour les chancres desia ouuerts des mammelles.

Elle ne faict pas moindre effect pour les chancres qui viennent à la bouche, outre qu'elle est grandement vtile pour quelle maladie de genciues que ce soit.

Elle guerit le *noli me tangere*, vlceres du gousier, & autres excoriations de bouche en quelle maniere qu'elles soient arriuées, & c'est auec vne simple ablution ou gargarisme, ou (s'il est à propos) tremper vn pinceau dans ladicte eau, puis en lauer la partie affectée.

Ladicte eau mortifie & mōdifie quelle playe que ce soit, quoy qu'antique & inueterée; & ce qui est le plus remarquable, qu'elle faict son operation sans que le malade sente aucune douleur que ce soit.

Item si ceux qui ont des pustulles ou vessies blanches aux pieds, se lauent de ladicte eau sont asseurez d'estre bien tost gueris.

C'est encor vn medicament grandement bon pour les Apostemes, pourueu qu'on y applique vn linge moüillé dans ladicte eau.

Pour toute sorte de brusleure, soit de feu, fer, plomb, huille, graisse: Et faut seulement mettre dessus ladicte brusleure vn linge mouillé dans la susdicte eau, & continuer quelques iours.

Pour

Pour le fic en quelle eſpece qu'il ſoit, il faut moüiller vn linge comme nous auons dict des autres, & l'appliquer deſſus.

Succre, Sel, Beurre, ou Miel, de Saturne.

PRens mine de plōb, ou ceruſſe, craye blāche vraye, & non fraudée, pile les bien enſemble, les humectant auec vinaigre diſtillé, puis les laiſſe ſecher à leur aiſe, apres que cela ſera ſec, broye le encor vne autre fois, & le mets dans vn vaſe de verre, y verſant encor de vinaigre diſtillé deſſus, à l'eminence de trois ou quatre doigts : apres mets ton vaſe en quelque lieu chaud ou perſonne ne trafique, car la fumée de ce vinaigre eſt mauuaiſe & nuiſible. Tu le peux mettre ſur les cendres chaudes laiſſant faire la digeſtion l'eſpace de deux iours entiers, & l'agiter ſouuent : Note qu'en l'agitant, ou mettant de cendre chaudes, il faut auoir ton mouchoir deuant le nez, à fin de n'humer pas ceſte fumée. Le vinaigre ſe teindra, & prendra vne couleur iaune, & vne ſaueur fort douce & agreable. Ie t'ay aduerty qu'il falloit que le vaſe fut de verre, car la force du vinaigre le feroit fuſer eſtant de terre. Apres que ton vinaigre ſera teinct; tire le dehors, & y en remets d'autre nouueau, iuſques à ce qu'il ne ſe colore plus, & qu'il ne deuienne plus doux. Cela faict retire ton vinaigre au bain, la gomme demeurera au fonds; ſur laquelle il faut verſer eau de pluye diſtillée, diſſouts le vne autre fois, & les feces du vinaigre demeureront au fonds, pourſuy de remettre

 d'autre

d'autre eau nouuelle sur ces cendres, iusques à ce qu'il ne s'en puisse plus rien retirer ; apres filtre ton eau & l'euapore, & auras à la fin le sel qui se resoudra de soy mesme en huille, dans vne caue humide. On peut calciner le sel qui a esté preparé à la premiere fois, puis le broyer sur le marbre, à fin que les meilleurs esprits ne s'exhalent point. L'on peut encor mettre le vinaigre distillé sur les cendres chaudes l'espace de trois ou quatre iours, à fin qu'il se puisse dissoudre peu à peu par la frequente agitation qu'il y faut faire. Ce qui est clair se tire par le filtre, iettant les feces apres, car elles ne seruent à rien : si on reïtere cela quelques fois, on aura le sel aussi clair que le chrystal, lequel sel il faut dissoudre sur la fin en eau de fontaine, l'euaporant par apres. Ce sel comme i'ay dict, se conuertit de soy mesme en huille, estant en vn lieu humide.

Ses vertus & vsages.

Ce sucre de Saturne rend doux & innuisibles tous les mercures, corrosifs ou sublimez, à raison dequoy il est admirable pour les vlceres corrosifs qui prouiennent du sel : Car ne plus ne moins que le sucre vulgaire tempere & corrige l'amertume & acrimonie des vegetans; de mesme aussi ce sucre de Saturne mitige & corrige l'amertume, acrimonie & corrosion des mineraux, comme arsenic & mercure.

Il est vn medicament admirable contre la pourriture qui suruient quelque fois à la bouche.

Il eſt tres-efficace pour les vlceres malins, corroſifs, chancreux & ſemblables ; meſmement pour les loups qui viennent aux iambes.

Il n'eſt pas de moindre vertu pour la gratelle, & feu volage.

Il purge & mondifie les vieux vlceres, & apoſtemes, & à grand peine peut-on dire ſa bonté pour les playes.

C'eſt vn ſecret admirable (comme faict fort bien voir Paracelſe) pour toute ſorte de bruſleures que ce ſoit tant cauſees par feu, fer, huille, graiſſe que autres ; & n'eſt moins propre contre les inflammations, & tumeurs s'il eſt meſlé auec eau de plantain, ou Solanum, & appliqué chaudement auec des linges moüillés dans iceluy, comme i'ay dict de la pierre medecinalle, pour le feu Perſique, faut tremper vn drapeau rouge dedans, & puis l'appliquer ſur le mal.

Il faict des merueilles pour les puſtulles rouges, leſquelles ſuruiennent à la face.

Il oſte à l'inſtant les tumeurs meſlé auec huille d'olif, ou de Camomille, ou auec eau roſe.

Pour les inflammations & rougeur des yeux, le faut meſler auec eau roſe, ou eau d'euphraiſe, & ne ſe peut guieres treuuer vn meilleur remede que celuy-là.

Il guerit aſſeurement tous vlceres & playes, & contractions de membres meſlé auec huille de Trebenthine, continuant l'onction dudit huille ou ſucre, ſur la partie malade.

Il eſt fort profitable pour les chancres, fiſtules & vlceres qui viennent aux mammelles, oignant ſeulement la partie affectée, comme i'ay dict.

Par ſon vſage externe, toutes les tumeurs, inflammations, & douleurs des membres, ſont oſtées en peu de temps.

Quelques gouttes dudict huille données par le dedans auec bon vin blanc deliurent à l'inſtant de la colique.

Pour les grandes inflammations internes on en donne le poids de trois grains en eau roſe, ou de plantain. On y peut encor mettre d'eſprit de vin, lequel attire le plus ſubtil à ſoy; puis tirant l'eſſence dudict eſprit, ſe peut exhiber au lieu de ſel. Le Saturne eſt d'vne nature fort froide, c'eſt pourquoy l'on s'en ſert pour les inflammations.

Il faict des merueilles pour la fiebure quarte, & affections de ratte, ſans oublier les points ſuruenans autour du nombril.

On s'en peut ſeruir meſlé auec les emplaſtres & linimens, ou bien applique apres qu'il eſt reduit en huille, ou meſle auec eau appropriée.

Ce ſel ou ſucre de Saturne prins dans le corps, reprime les affections veneriennes, à cauſe de ſa froideur. Ceux qui ſont reſolus de viure chaſtement ne ſçauroient mal faire d'en auoir touſiours quant à eux pour leur vſage interne : on s'en peut ſeruir exterieurement pour la meſme choſe, diſſout ou deſtrempé auec quel huille que ce ſoit.

Par vne artificielle diſtillation l'on peut retirer

tirer l'esprit enflammé de ce sel ou sucre, par lequel esprit (fortifié de son sel) beaucoup de gens ont tasché de rendre potable la chaux de l'or preparée par le benefice de l'eau Regalle: la foy doit estre adioustée aux experiences qui en ont esté faictes.

Sperniolle ou composition Spermatique.

PRens sperme de grenouilles au mois de Mars, & le distille au bain; il faut qu'il soit prins trois iours auant le renouueau de la Lune, car en ce temps là, il ne sent point mauuais ayant ceste eau.

Prens {
Myrrhe choisie:
Encens ana deux onces.
Saffran broyé demy once.
Camphre trois drachmes.
}

Broye toutes ces choses ensemble, & les mets en poudre tres-subtille, laquelle imbiberas auec ton eau, puis tu laisseras secher, & continueras cela vingt ou trente fois.

Il faut laisser secher la poudre bellement & à son aise, ce qu'estant, la pourras garder pour ton vsage, elle s'exhibe de la grosseur d'vne auelaine dissoute en eau de plantain, & c'est pour l'hemorragie interne.

Ses forces & vsages.

Il coagule le sang, à cause de sa grande froideur: car pour l'hemorrhagie ou flux de sang tant interne qu'externe, soit du nez, du gousier ou d'ailleurs, il ne se peut treuuer aucun remede meilleur, principalement lors que tout eſt preſque deſeſperé, la doſe alors eſt de trois ou quatre grains en eau de *Burſa paſtoris*.

Il ayde & ſoulage grandement ceux qui ſont atteints des eriſipeles, ou de la podagre prouenant d'humeur chaude eſtant deſtrempé dans le vinaigre, & appliqué chaudement ſur le mal.

Il arreſte auſſi le ſang des playes ſi toſt qu'il eſt imposé deſſus.

Il tue les pauaris ſi on le laiſſe l'eſpace de deux heures deſſus, on ſe peut encor gouuerner autrement ſi l'on veut : car ayant faict vn doigt de peau on le peut ſouuent moüiller dedans, & puis le mettre deſſus, car ſans doubte il guerit par ce moyen le pauaris en peu de temps.

Il mortifie le chancre, mais plus efficacement ſi l'on ne ſe ſert que de l'eau tirée du ſperme.

Pour le flux des femmes lors qu'il eſt deſbordé, il en faut donner deux ou trois grains peſant, dans eau d'Artemiſe.

On applique ceſte eau aux podagres, y ayant diſſout vn peu d'alun de roche dedans procedant comme i'ay deſia dict, ſçauoir moüillant vn linge dedans, & puis l'appliquant deſſus la douleur.

Coſmetique contre les macules de la face.

PRens demy liure de Mercure bien purifié, duquel la noirceur aye eſté oſtée par ablution, meſle-le puis apres dans vn plat de terre, auec poudre de Mercure ſublimé. Il faut que le poids

poids soit esgal, sçauoir autant de l'vn que de l'autre. Mets puis apres le tout dans vn alembic qui aye l'orifice fort estroit, l'arrousant par apres auec vinaigre distillé iusques à l'eminence de trois ou quatre doigts, laisse demeurer ladicte mixtion en digestion durant l'espace de trois ou quatre iours, durant lesquels la remueras deux ou trois fois chasque iour; & alors il rendra vne poudre blanche, quand tu verras ceste poudre oste le vinaigre par inclination, & garde ladicte poudre qui demeurera au fonds du vinaigre. Reïtere souuent ce labeur iusques à ce que tu ayes asses suffisamment de poudre, laquelle secheras & garderas pour ton vsage, elle n'a pas besoin d'estre lauée, par ce qu'elle n'est pas corrosiue.

L'vsage.

Ceste poudre ne s'applique qu'exterieurement oignât les macules de la face auec du propre crachat ou saliue, ou auec eau de febues.

Elle est encore fort bonne pour les dertres, estant appliquée dessus sert d'vn tres excellent remede & incarnatif; toutesfois prens toy garde en l'appliquant qu'il ne touche ny les yeux, ny les dents.

Onguent sympathetique, ou constellé de Paracelse.

Prens { Graisse d'vn verrat sanglier.
Graisse d'ours autant de l'vne que de l'autre, & tant plus vieux sont les animaux tant meilleure est la graisse. }

Fais

Faits bouillir lesdictes graisses ensemble l'espace de demy heure dans du vin rouge; cela faict verse le tout dans eau froide, & recueille la graisse, laquelle nage dessus auec vne cueilliere, ou quelque autre instrument propre; puis iette le reste, car il ne sert en rien.

Apres prens deux septiers de vers laués dans le vin; lesquels rostiras dans vn pot de terre couuert; au four d'vn boulenger, te prenant garde qu'ils ne bruslent point; estant sortis de là mets les en poudre; de laquelle te seruiras comme s'ensuit.

Prens { De ceste poudre de vers.
Ceruelle de sanglier secheé.
Sandal rouge odoriferant.
Mumie transmarine.
Hematites ana vne once. }

En fin prens du crane d'vn homme mort par violence d'vn pendu s'il se peut, laquelle aye esté raselée, lors que la Lune est à son croissant, & en quelque bonne maison, s'il se peut à la maison de Venus, non de Mars, ny de Saturne, il en faut auoir la pesanteur de deux auelaines. De toutes ces choses bien meslées & broyées, fais en onguent auec la graisse selon lart, lequel tu garderas pour ton vsage dans vn verre clos, où dans vne boette bien fermée.

Si par succession de temps cest onguent venoit à siccation, tu le pourras ramollir auec graisse, ou miel vierge.

Souuienne toy de preparer ton onguent lors que le Soleil est au signe de la balance.

Les

Les vertus & vsage de l'onguent Sympathetique ou constellé.

CEste façõ de curer n'est pas magique noire cõme croyent quelques sots, & ignorants, ains par vne certaine vertu attractiue & aymantine, causée par les Astres, laquelle par la mediation de l'air est attirée sur la playe, & se conioinct auec elle, à fin que l'operation spirituelle monstre son effect.

Elle se faict, di-ie, à cause de la conionction des Astres & elements : car comme la chaleur du Soleil s'accorde auec la terre, de mesme le persicaria, ou persicaire auec la maladie, & lors que le Soleil s'en va, la chaleur se perd aussi : il n'est pas donc mal faict de croire que le mesme puisse arriuer en cecy.

Il y a donc trois choses lesquelles sont causées par cest onguent d'vn effect si admirable.

Premierement la Sympathie de la nature.

Secondement l'influence des corps celestes, laquelle paracheue ses operations par la mediation des elements.

Tiercement le bausme naturel qui est à vn chascun des hommes.

Par cest onguent toute sorte de playes (de quelle façon qu'elles soient, ou de quel instrument qu'elles ayent esté faictes, & en quel sexe que ce soit, pourueu que les nerfs, ou arteres, ou quelqu'vn des trois membres princi-

paux

gueries, ſans toucher ſeulement le malade, car ſeulemẽt il faut auoir le fer ou autre inſtrumẽt duquel le malade a eſté bleſsé, merueille que pour eſloigné que ſoit le malade ceſt onguent ne laiſſe de faire ſon operation, & ne permet qu'il arriue aucun Symptome nuiſible au patient, à cauſe de ſa nature conglutinatiue, ſupuratiue, & renouatiue.

Or donc la cure ſe faict en ceſte façon: il faut prendre l'inſtrument duquel le malade a eſté bleſsé (comme i'ay dict) & c'eſt vne ou deux fois le iour s'il eſt de beſoin, & ſi la playe eſt grande; car autrement, il ſuffit de l'auoir oing deux ou trois iours tant ſeulement, il faut par apres garder ledit inſtrument (apres l'onction faicte) & le plier dans vn linge bien blanc, & le mettre en vn lieu aſſez chaud, non trop toutesfois, car il porteroit dommage au patient, ſur tout il ſe faut prendre garde qu'il ne tombe point de pouſſiere deſſus, & que le vent ne le puiſſe toucher, car cela eſtant il feroit deuenir enragé le malade.

Auant que faire l'onction ſur l'inſtrument, il faut conſiderer en quelle façon la playe aura eſté faicte, que ſi l'inſtrument a piqué de ſa pointe, il faut oindre la pointe en deſcendant, car autrement pourroit nuire au patient.

Que ſi tu ne peux cognoiſtre en quelle façon le patient a eſté bleſsé, ou ſi le dard eſt entré bien profond, fais l'onction tout au long dudit dard ou autre inſtrument, mais ſi tu le peux cognoiſtre, il ſuffit d'appliquer l'onguent deſſus la partie qu'eſt entrée dans la chair.

En

En ce faict il n'est aucunement besoin de coudre la playe comme font pour l'ordinaire les Chirurgiens, mais la bander seulement auec vn linge bien net, & moüillé dans l'vrine du malade.

Il faut que celuy qui faict la cure s'abstienne des femmes & de pollution durant le temps qu'il y trauaillera, toutesfois auant que faire l'onction il est fort bon d'auoir arresté le sang de la playe.

Pour les ruptures & fractures des os, on peut adiouster à cest onguent quelque peu de poudre de Bugle, ou consolide, ou bien poudre des racines d'hellebore noir.

Beau secret pour sçauoir si celuy qui a esté blessé se doit bien gouuerner au boire ou au manger.

Cela se cognoist lors que sur la pointe de l'instrumẽt par lequel on a esté blessé apparoissent quelques gouttes ou taches de sang, que s'il n'en paroist point, il faut qu'il prenne garde à se bien gouuerner.

Notte neantmoins que si l'on ne peut auoir les armes, par lesquelles la blesseure a esté faicte, on ne laisse pas de faire la cure, mais par vn autre moyen.

Il faut auoir vn petit eschantillon de saule, le tremper & moüiller du sang qui sort de la playe, & lors que de soy-mesme le sang est sec (sans feu ny soleil) faut mettre ledit bois dans l'onguent qui est dans la bouëtte, & le laisser là.

Si

Si par fortune la playe estoit grande & profonde, il la faudroit mondifier ou nettoyer tous les matins, & la bander auec vn linge blanc, & changer tous les iours de nouueau linge, sans toutesfois vser d'aucun autre onguent, car sans doubte la playe se guerit de soy-mesme, pourueu que l'on laisse le susdict bois dans l'onguent, iusques à entiere guerison.

Neantmoins toutesfois & quantes que l'on veut guerir quelque playe nouuelle, il faut auoir vn nouueau eschantillon de bois: car vn ne sert que pour vne.

Il se rencontre quelques fois des playes, lesquelles ne rendent pas grand sang, si bien qu'ayant le bois on ne pourroit pas le teindre, & tremper dans ledit sang. C'est pourquoy il est à lors besoing de scarifier la playe auec ledit eschantillon, iusques à ce que le sang sorte, & qu'il colore ledit eschantillon. Le mesme arriue pour le mal de dents, car pour le guerir, il faut scarifier la genciue auec vn burin, ou cure-dent, iusques à ce qu'il soit teinct de sang qui en sort; l'exsiccation faicte apres, il faut proceder en la mesme façon que dessus, & la douleur se passera incontinent.

Si vn cheual est encloüé, il faut arracher le cloux, puis estant sec, l'oindre dudict onguent, & c'est asseuré que son pied guerira sans suppurer aucunement.

L'on peut practiquer la mesme cure enuers tous les autres animaux composez de chair, sang, & os.

Ie prie & supplie le grand medecin celeste, la

la parolle duquel à donné puissance & vigueur a la Medecine qu'il à creé, qu'il benisse & donne sa grace à ceux qui poussez d'vn bon zele s'en seruiront auec vne affection autant pieuse que sincere: cependant que la gloire & loüange ne soit attribuée à autre qu'à Dieu, comme estant celuy seul qui les merite. Amen.

Exod. 15. sect. 26. Sap. cap. 16. sect. 12.

CONCLVSION.

QVe maintenant la superbe effrontée des Academiques Thrasons prenne fin : qu'ils cessent à l'aduenir (lors qu'ils se voudront extoller) de plus l'ascher la bride à la violence de leurs menaces, sans se mocquer de cette diuine science de nos ayeuls cōpagne de la verité, qu'ils ont iusques à maintenant m'esprisée : c'est assez, qu'ils ne vilipendent plus les disciples de ce grād Hermes les taxant faucement d'ignorance, d'enuie, & de fraude, à quoy les demonstrations oculaires & manifestes preparations qu'ils demandent ? non, non, ce n'est pas à propos s'il me semble que leur nouuelle sciennce syndique auec tant de superbe, ces secrets que i'ay mis en lumiere donnez par la diuine bonté à la republique Spagyrique, qu'ils appellent charbonniere par desdain. Cependant ie supplie la diuine bonté que tous ceux qui inspirez du Ciel s'en seruiront, (ayant inuoqué la supresme puissance, à ce qu'elle vueille benir leur trauail) puissent heureusement venir au bout de leur entreprinse, remettāt l'honneur & la gloire à ce vray Chymique qui iuge de nos intentiōs, & voit en vn clein d'œil si la charité enuers le prochain à esté le but de nostre ame. Quant à ces Aristarques & moqueurs indignes de la faueur diuine, & à ceux qui contempteurs du Tout-puissant s'en seruiront à la desrobée (ce que font beaucoup de Galenistes pour l'ordinaire qui cherchent seulement leur propre loüange aux despens d'autruy, mesdisans sans cesse des bienfacteurs Spagyriques) à ceux-la dis-ie, ie desire que toutes choses puissent arriuer contre leurs intentions. Et afin que cela soit comme vn celeste decret, ie dresse mes veux à la sacro-saincte Trinité (laquelle m'a donné l'industrie & volonté de mettre au iour ces secrets ou grains Spagyriques, non sans grand peine & trauail) quelle face en sorte que toute la posterité en puisse ressentir les effects, ce n'est pas moy seul qui les luy desdie ains tout le Senat Spagyrique auec moy. Amen

Adieu lecteur amy, sois content que ma plume
A faict tout son effort, si tu peux par hazard
L'outrepasser, fais le, sinon que ce volume
Soit tousiours fauory de ton benin regard.

ORDRE

ORDRE

Des preparations Chymiques, comme elles sont contenuës en la Chymie Royale.

Eau

A chaque medicament sont adioustées ses vertus, vsages, & dose; auec la façon de les exhiber, comme il faut; les obseruations, & aduertissemens, comme il est plus amplement remarqué à la Table suyuante.

TABLE

TABLE TRES-AMPLE DE LA Chymie Royale selon l'ordre de l'Alphabet.

A

Apho

B

Cure

D

Doſe

E

Eau

Emplastre

Esprit

F

Fic

Goutte

H

arreste

stupidi

M

N

O

Or

P

Poudre

Q

R

Succre,

T

Theriaque

V

Volon

FIN.

www.ingramcontent.com/pod-product-compliance
Ingram Content Group UK Ltd.
Pitfield, Milton Keynes, MK11 3LW, UK
UKHW021856190726
13855UKWH00001B/350